BIANDIANZHAN FUZHU SHEBEI YUNWEI

BIAOZHUNHUA SHIXUN SHOUCE

变电站辅助设备运维标准化实训手册

国网宁夏电力有限公司培训中心　编

中国电力出版社
CHINA ELECTRIC POWER PRESS

内 容 提 要

本书内容为变电站电气辅助设备、工器具、设施检查维护的标准化作业。全书共包含二十个部分，具体内容有微机五防系统维护、安全工器具检查维护、消防器材、设施检查维护、安防设施检查维护、防汛器材、设施检查维护、防小动物设施、照明系统、驱潮加热装置、剩余电流动作保护器、避雷器在线监测装置、接地装置、高压带电显示装置检查维护、采暖、通风、制冷、除湿设施检查维护、二次设备清扫维护、同步时钟核对、蓄电池电压测量、蓄电池核对性充放电试验、站用交流电源切换试验、变压器冷却系统轮换试验、UPS试验、一、二次设备红外热成像监测。

本书可供各电压等级变电站运维人员进行维护作业技能培训和自学使用，特别是对新入厂人员及一线变电运维人员有针对性的现场指导意义。

图书在版编目（CIP）数据

变电站辅助设备运维标准化实训手册 / 国网宁夏电力有限公司培训中心编 . — 北京：中国电力出版社，2018.12

ISBN 978-7-5198-2584-3

Ⅰ . ①变… Ⅱ . ①国… Ⅲ . ①变电所－辅助设备－维修－手册 Ⅳ . ① TM63-62

中国版本图书馆 CIP 数据核字（2018）第 250245 号

出版发行：中国电力出版社

地　　址：北京市东城区北京站西街 19 号（邮政编码 100005）

网　　址：http://www.cepp.sgcc.com.cn

责任编辑：薛　红（010-63412346）

责任校对：王小鹏

装帧设计：左　铭

责任印制：石　雷

印　　刷：北京瑞禾彩色印刷有限公司

版　　次：2018 年 12 月第一版

印　　次：2018 年 12 月北京第一次印刷

开　　本：710 毫米 ×1000 毫米　16 开本

印　　张：13.5 印张

字　　数：210 千字

印　　数：0001—2000 册

定　　价：78.00 元

编　委　会

前言
PREFACE

　　《变电站辅助设备运维标准化实训手册》是一本各电压等级变电站中辅助设备、设施维护作业手册，该手册本着重实操、轻理论的编写思路，根据辅助设备、设施维护作业的内容组织作业流程框架，以实际作业对象（设备、设施等）为参照体，将实际现场维护作业过程通过实例并采用图文并茂的方式，利用图、表及大量的现场工作照片为素材详细地进行讲解说明，将理论性、实用性、知识性融为一体，对作业过程关键点及环节进行重点讲解，对各类维护作业进行流程式、导图式的深入浅出，通俗易懂地讲解。

　　本书由国网宁夏电力有限公司培训中心组织国网固原供电公司一线工程技术、技能专家编写，内容力求达到标准化作业水准，编写过程中以现场实际作业为背景、组织一线技术精湛的专业运维人员为对象，以相关的规程制度为要求，通过采集标准化的作业图片为素材。

　　本手册对于新入厂及一线变电运维人员具有很强的专业指导意义。尤其对于新入厂人员能够在短时间内通过自学掌握相关的维护作业方法、技巧，有效地提高变电运维作业技能水平，避免了繁杂、教条式的理论学习与培训造成的学习积极性不高，学后不易巩固的弊端。同时，该书也是一本变电运维作业工具书，对于作业人员实际遇到的问题，可以通过查找书中的相关作业方法、要求、技巧等完成作业，实用性很强。全书分二十个部分，共计58章。

　　本书由国网宁夏电力有限公司培训中心岳风珍主编，国网固原供电公司马文成副主编。本书第一部分至第五部分由国网宁夏电力有限公司培训中心岳风珍、朱永伟、潘龙和国网固原供电公司马文成、刘昌平、邵华编写；第六部分至第十部分由国网宁夏电力有限公司培训中心岳风珍和国网固原供电公司马文成、邢斌、邵华编写；第十一部分至第十五部分由国网宁夏电力有限公司培训中心岳风珍和国网固原供电公司马文成、刘昌平、邢斌、周永强编写；第十六部分至第二十部分由国网宁夏电力有限公司培训中心岳风珍和国网固原供电公司马文成、中山大学王岳、国网宁夏电力有限公司检修公司尹松、国网陕西省电力公司西咸供电公司胡馨予编写。本书由岳风珍、马文成、刘昌平、邢斌、邵华、周永强进行审核。

由于编者水平有限，时间仓促，在编写过程中难免有疏漏之处，恳请各位专家和读者提出宝贵意见，以便修订和完善。

编　者

2018 年 12 月

目录
CONTENTS

1 微机五防系统概述

1.1 微机五防的作用

变电站防误闭锁系统的作用是防止误操作设备，误入带电间隔。变电站的防误闭锁系统有：机械锁、电气锁、电磁锁、程序锁、微机五防系统，目前常用的闭锁方式为微机五防系统。微机五防系统应实现以下功能：

（1）防止误分、合断路器。

（2）防止带负荷拉、合隔离开关。

（3）防止带电挂（合）地线（接地刀闸）。

（4）防止带地线（接地刀闸）合断路器（隔离开关）。

（5）防止误入带电间隔。

1.2 微机五防系统构成

微机五防系统构成部件有五防主机（电脑）、电脑钥匙、通信适配器、电编码锁、机械锁、钥匙管理机等几部分组成，如图 1-1 所示。

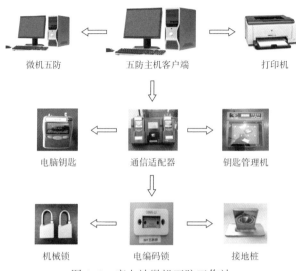

图 1-1　变电站微机五防工作站

2　微机五防系统维护作业

2.1　作业流程

微机五防系统维护作业流程如图 2-1 所示。

2.2　检查维护

2.2.1　工作准备

（1）办理变电站第二种工作票、填写维护作业卡，第二种工作票和变电站微机防误装置及其附属设备（电脑钥匙、锁具、电源灯）维护、除尘、逻辑校验维护作业卡的填写如图 2-2 所示。

（2）工器具及材料准备。根据工作需要准备线手套、毛巾、毛刷等清扫材料。

（3）工作许可。根据工作票内容进行工作许可。

（4）人员分工。在工作许可完成后，工作负责人按照工作内容进行任务分工，工作人员按照分工内容完成工作任务。

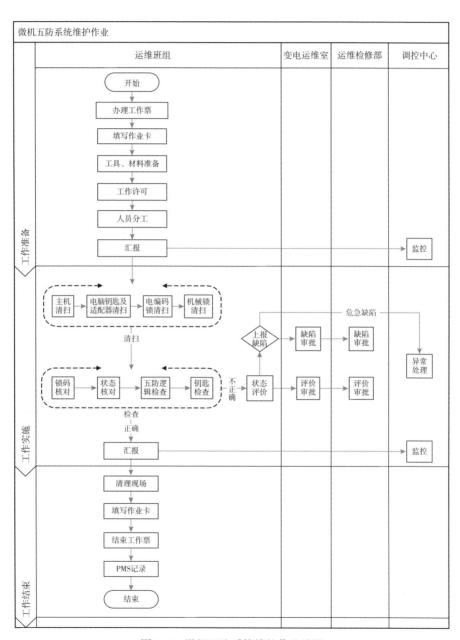

图 2-1　微机五防系统维护作业流程

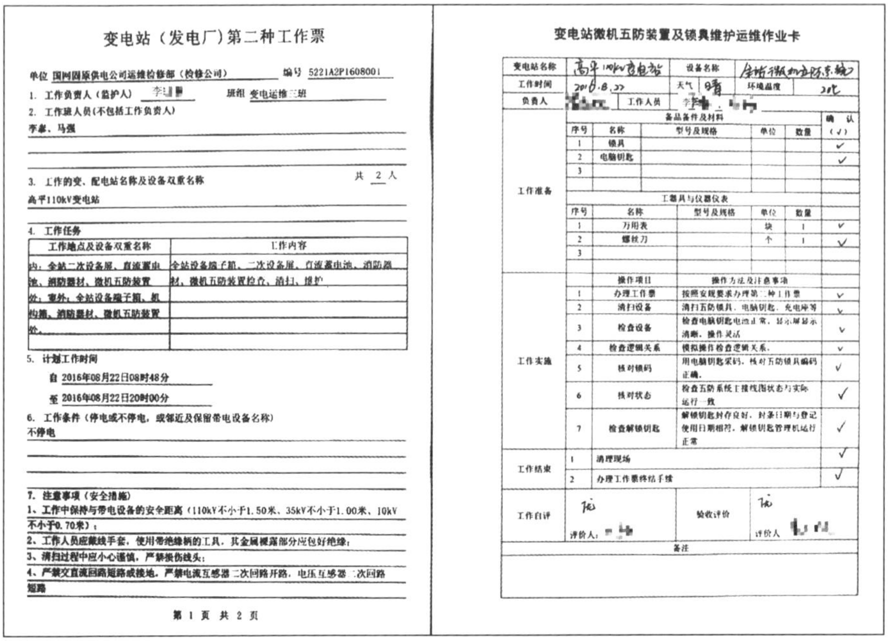

图 2-2 办理工作票及填写维护作业卡

2.2.2 工作实施

2.2.2.1 清扫

（1）五防主机。

（2）电脑钥匙及适配器。

（3）电编码锁。

（4）机械锁。

（5）钥匙管理机。

五防系统清扫如图 2-3 所示。

2.2.2.2 检查

图 2-3 五防系统清扫

下面以某厂家五防系统为例说明：

（1）检查电脑钥匙（显示屏显示正常）、电脑钥匙电池（电池充满电）及锁具正常（锁具材质优良、防尘、防锈、无卡滞；户外锁具还应防水、防潮、防霉、有完整规范的标识牌）。

（2)五防主机显示屏一次主接线图（见图 2-4)显示清晰、正常、操作灵活。

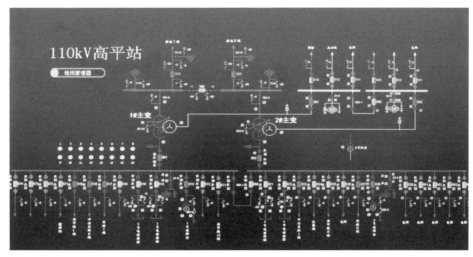

图 2-4　防误系统客户端主接线图

（3）模拟操作检查逻辑关系：

1）正常逻辑关系检查：登录防误系统客户端，在菜单栏点"开始任务"→"并行任务"后任选一操作任务按照正常逻辑关系进行模拟开票，应能顺利开票成功，确认逻辑关系正确，正常逻辑关系检查如图 2-5 所示。

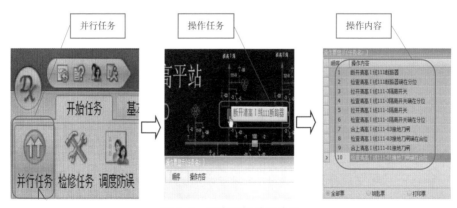

图 2-5　正常逻辑关系检查

2）错误逻辑关系检查：按照上述同一操作任务进行错误逻辑关系模拟开票检查，若断路器在"合"时，先拉电源侧隔离开关，会提示不满足断路器及负荷侧隔离开关应在"分"位，且无法操作，开票不成功。同样，在隔离开关未拉开时，合接地刀闸会提示不满足相关隔离开关应在"分"位，且开票不成功。相反，若在不正确的逻辑关系下开票成功，说明该操作任务的逻辑关系有问题，应及时按缺陷上报处理，错误逻辑关系检查如图 2-6 所示。

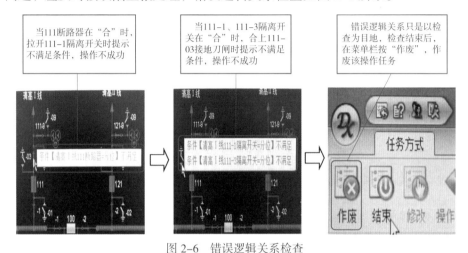

图 2-6　错误逻辑关系检查

（4）在防误系统客户端模拟开票检查逻辑关系，只是作为检查逻辑关系为目的，开出的操作票应按"作废"处理。

（5）用电脑钥匙采码，核对五防锁具编码正确。在电脑钥匙显示屏上选"主菜单"后按确认键，进入"辅助功能"选项，确认后点"锁码检查"项，然后拿电脑钥匙在所有电编码锁及机械锁上依次检查锁具编码是否正确，锁码正确时电脑钥匙显示屏上显示的信息应与锁具的标识一致，否则，应上报缺陷处理，核对锁码如图 2-7 所示。

（6）检查五防系统主接线图设备状态与实际运行状态应一致，如图 2-8 所示为某断路器柜后柜门与实际状态不相符时，其正确状态设置过程。

（7）解锁钥匙封存良好，封存日期与登记使用日期相符，解锁钥匙管理机运行正常，钥匙管理机解锁情况检查如图 2-9 所示。

2.2.3　工作结束

（1）清理现场。整理工器具及材料，清扫工作现场。

（2）办理工作票终结手续。待工作人员全部撤离工作现场后，工作负责人与工作许可人办理工作终结手续。

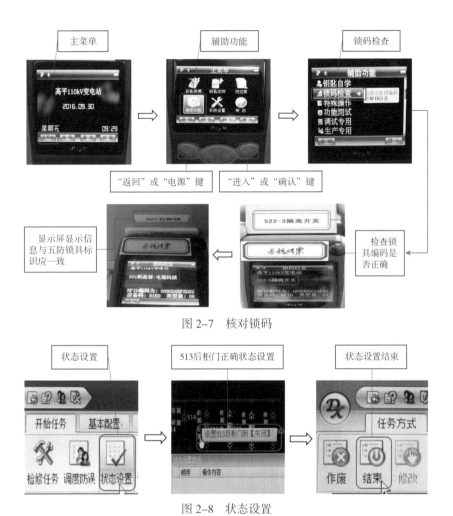

图 2-7 核对锁码

图 2-8 状态设置

（3）填写作业卡及记录。填写变电站微机防误装置及其附属设备（电脑钥匙、锁具、电源灯）维护、除尘、逻辑校验维护作业卡，微机五防系统检查及清扫记录。

2.2.4 注意事项

（1）在进行微机五防系统维护作业时，严禁解锁操作设备。

（2）清扫五防系统设备时，应轻擦、轻抹、轻刷，不得用力擦拭或抽打。

（3）清扫工具的金属裸露部分应包好绝缘，清扫用毛巾、毛刷等工具应干燥。

（4）五防系统清扫维护时，与带电设备保持安全距离。

图 2-9 钥匙管理机检查

3 微机五防系统运行规定及维护方法

3.1 运行规定（《国家电网公司变电运维管理规定》国网〔运检 /3〕828—2017）

3.1.1 新、扩建变电工程或主设备经技术改造后，防误闭锁装置应与主设备同时投运。

3.1.2 变电站现场运行专用规程应明确防误闭锁装置的日常运维方法和使用规定，建立台账并及时检查。

3.1.3 高压电气设备都应安装完善的防误闭锁装置，装置应保持良好状态；发现装置存在缺陷应立即处理。

3.1.4 高压电气设备的防误闭锁装置因为缺陷不能及时消除，防误功能暂时不能恢复时，可以通过加挂机械锁作为临时措施；此时机械锁的钥匙也应纳入防误解锁管理，禁止随意取用。

3.1.5 防误装置解锁工具应封存管理并固定存放，任何人不准随意解除闭锁装置。

3.1.6 若遇危及人身、电网、设备安全等紧急情况需要解锁操作，可由变电运维班当值负责人下令紧急使用解锁工具，解锁工具使用后应及时填写解锁钥匙使用记录。

3.1.7 防误装置及电气设备出现异常要求解锁操作，应由防误装置专业人员核实防误装置确已故障并出具解锁意见，经防误装置专责人到现场核实无误并签字后，由变电站运维人员报告当值调控人员，方可解锁操作。

3.1.8 电气设备检修需要解锁操作时，应经防误装置专责人现场批准，并在值班负责人监护下由运维人员进行操作，不得使用万能钥匙解锁。

3.1.9 停用防误闭锁装置应经地市公司（省检修公司）、县公司分管生产的行政副职或总工程师批准。

3.1.10 应设专人负责防误装置的运维检修管理，防误装置管理应纳入现场运行规程。

3.1.11 现场操作通过电脑钥匙实现，操作完毕后应将电脑钥匙中当前状态信息返回给防误装置主机进行状态更新，以确保防误装置主机与现场设备状态对应。

3.1.12 防误装置日常运行时应保持良好的状态。

3.1.13 运行巡视及缺陷管理应等同主设备管理。

3.1.14 防误闭锁装置应有符合现场实际并经运维单位审批的五防规则。

3.2　维护方法

微机五防系统检查维护常见问题及处理方法见表 3–1。

表 3-1　　　　　微机五防系统检查维护常见问题及处理方法

设施	检查内容	常见问题	维护方法
微机五防系统	机械锁	生锈	防腐处理
		卡涩	喷射润滑剂
		防尘盖损坏	更换
		无标识、标识不清晰	完善标识
		损坏	上报缺陷，更换
	电编码锁	防尘盖损坏	更换
		无标识、标识不清晰	完善标识
		损坏	上报缺陷，更换
	电脑钥匙	电量不足	充电
		电池不充电或放电快	更换电池
		不开机	检查是否因电量不足造成；否则上报缺陷，由专业人员处理
		显示屏不清晰或花屏	上报缺陷，由专业人员处理
		不工作	上报缺陷，由专业人员处理
		外观破损或按键不灵敏	上报缺陷，由专业人员处理
	钥匙管理机	显示屏黑屏、电源指示灯不亮	开机，检查电源回路
		显示屏不清晰、花屏	上报缺陷，由专业人员处理
		外观破损或按键不灵敏	上报缺陷，由专业人员处理
		存取钥匙后不自动关门	上报缺陷，由专业人员处理
		测试短信授权开门不成功	是否因卡欠费所致，及时交费；否则上报缺陷，由专业人员处理
		解锁钥匙不全或损坏	上报缺陷，补充或更换
	主机	不开机	检查电源回路，否则上报缺陷，由专业人员处理

续表

设施	检查内容	常见问题	维护方法
微机五防系统	主机	显示屏不清晰或黑屏、花屏	更换
		五防系统主程序不启动	上报缺陷，由专业人员处理
		系统盘感染病毒	定期杀毒
		主机安装有非五防系统相关应用程序	卸载非五防系统相关应用程序
	逻辑关系	正常逻辑关系下开票不成功	上报缺陷，由专业人员处理
		错误逻辑关系下开票成功	上报缺陷，由专业人员处理
	锁码核对	锁码不正确	确认锁具名称及编号无问题时，更改锁具或电脑钥匙、主程序锁具编码
	状态检查	五防系统主接线图设备状态与实际运行状态不对应	核对设备正确状态，修改五防系统主接线图设备状态

4 安全工器具概述

4.1 安全工器具分类

安全工器具分为个体防护装备、绝缘安全工器具、登高安全工器具、安全围栏（网）和标识牌四大类。

4.2 安全工器具的作用

个体防护装备是指保护人体避免受到急性伤害而使用的安全用具，包括安全帽、防护眼镜、自吸过滤式防毒面具、正压式消防空气呼吸器、安全带、安全绳、连接器、速差自控器、导轨自锁器、缓冲器、安全网、静电防护服、防电弧服、耐酸服、SF_6防护服、耐酸手套、耐酸靴、导电靴（防静电靴）、个人保安线、SF_6气体检漏仪、含氧量测试仪及有害气体检测仪等。

绝缘安全工器具分为基本绝缘安全工器具、带电作业安全工器具和辅助绝缘安全工器具。

基本绝缘安全工器具是指能直接操作带电装置、接触或可能接触带电体的工器具，其中大部分为带电作业专用绝缘安全工器具，包括电容型验电器、携带型短路接地线、绝缘杆、核相器、绝缘遮蔽罩、绝缘隔板、绝缘绳和绝缘夹钳等。

辅助绝缘安全工器具指绝缘强度不是承受设备或线路的工作电压，只是用于加强基本绝缘工器具的保安作用，用以防止接触电压、跨步电压、泄漏电流电弧对操作人员的伤害，包括辅助型绝缘手套、辅助型绝缘靴（靴）和辅助型绝缘胶垫。不能用辅助绝缘安全工器具直接接触高压设备部分。

登高安全工器具是用于登高作业、临时性高处作业的工具，包括脚扣、升降板（登高板）、梯子、快装脚手架及检修平台等。

安全围栏（网）包括用各种材料做成的安全围栏、安全围网和红布幔，标识牌包括各种安全警告牌、设备标示牌、锥形交通标、警示带等。

4.3　变电站常用安全工器具简介

（1）变电站常用安全工器具包含：

1）变电站常用个体防护装备，有安全帽和安全带。

2）变电站常用基本绝缘安全工器具，有电容型验电器、携带型短路接地线、绝缘杆等；辅助绝缘安全工器具有辅助绝缘手套和辅助型绝缘靴（靴）。

3）变电站常用安全围栏（网）和标识牌。

（2）各类安全工器具用途如下：

1）绝缘手套：是由特种橡胶制成的、起电气辅助绝缘作用的手套。

2）绝缘靴：是由特种橡胶制成的、用于人体与地面辅助绝缘的靴子。

3）电容型验电器：是通过检测流过验电器对地杂散电容中的电流来指示电压是否存在的装置。

4）携带型短路接地线：是用于防止设备、线路突然来电，消除感应电压，放尽剩余电荷的临时接地装置。

5）绝缘杆：是由绝缘材料制成，用于短时间对带电设备进行操作或测量的杆类绝缘工具，包括绝缘操作杆、测高杆、绝缘支拉吊线杆等。

6）安全帽：是对人体头部受坠落物及其他特定因素引起的伤害起防护作用。由帽壳、帽衬、下颏带及附件等组成。

7）安全带：是防止高处作业人员发生坠落或发生坠落后将作业人员安全悬挂的个体防护装备，一般分为围杆作业安全带、区域限制安全带和坠落悬挂安全带。

8）安全围栏（网）：包括用各种材料做成的安全围栏、安全围网和红布幔，标识牌包括各种安全警告牌、设备标示牌、锥形交通标、警示带等。

9）标识牌：是用于警告、警示、禁止、提示作业人员遵守相关规程、规定的标识。

10）安全工器具柜：可用于存放绝缘工器具，防止绝缘工器具受潮导致绝缘性能下降。

5　安全工器具检查维护作业

5.1　作业流程

安全工器具检查维护作业流程如图5-1所示。

5.2　检查维护

5.2.1　绝缘手套

5.2.1.1　外观检查

（1）绝缘手套的电压等级、制造厂名、制造年月等标识清晰完整，如图5-2所示。

（2）手套应质地柔软良好，内外表面均应平滑、完好无损，无划痕、裂缝、折缝和孔洞。

（3）充气检查。用卷曲法或充气法检查手套有无漏气现象，如图5-3所示。

5.2.1.2　合格证检查

检查电气试验合格证齐全，试验日期在有效日期内，试验信息正确齐全，如图5-4所示。

5.2.1.3　不合格工器具的检查处理

现场检查出不合格的工器具应做出"禁用"标识，禁止使用，并另外存放。若不合格的工器具不能继续使用时按规定应上报"作废"处理（如图5-5所示）；若超试验周期时，应及时送检试验。

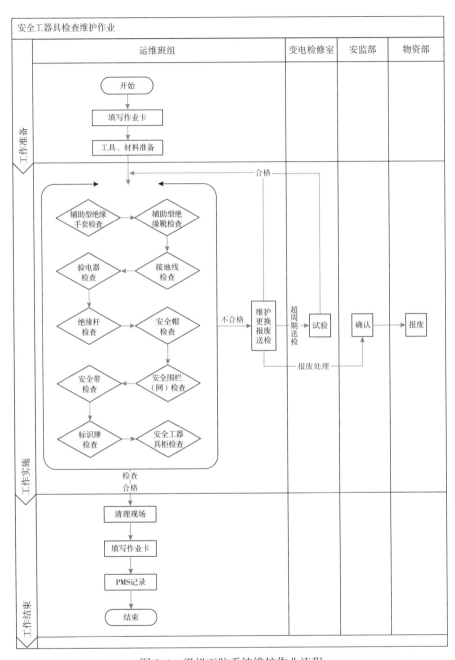

图 5-1 微机五防系统维护作业流程

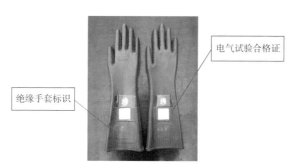

图 5-2　绝缘手套

电气试验合格证

绝缘手套标识

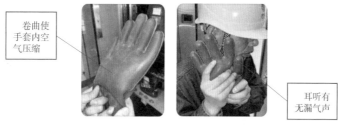

图 5-3　绝缘手套卷曲法漏气检查

卷曲使手套内空气压缩

耳听有无漏气声

图 5-4　合格证检查

检查试验日期是否有效

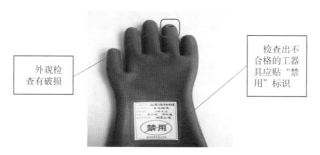

图 5-5　不合格工器具检查处理

外观检查有破损

检查出不合格的工器具应贴"禁用"标识

5.2.1.4 使用要求

（1）绝缘手套应根据使用电压的高低、不同防护条件来选择。

（2）作业时，应将上衣袖口套入绝缘手套筒口内。

（3）在进行设备验电、倒闸操作、装拆接地线等工作时应戴绝缘手套。

5.2.2 绝缘靴

5.2.2.1 外观检查

（1）绝缘靴的靴帮或靴底上的靴号、生产年月、标准号、电绝缘字样（或英文 EH）、闪电标记、耐电压数值、制造商名称、产品名称、电绝缘性能出厂检验合格印章等标识清晰完整，如图 5-6 所示。

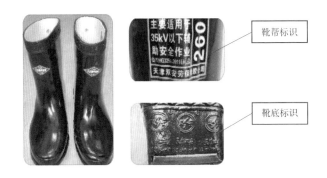

图 5-6 绝缘靴外观检查

（2）绝缘靴应无破损，宜采用平跟，靴底应有防滑花纹，靴底（跟）磨损不超过 1/2 。靴底不应出现防滑齿磨平、外底磨露出绝缘层等现象，如图 5-7 所示。

图 5-7 绝缘靴靴底检查

5.2.2.2　合格证检查

检查方法同 5.2.1.2 要求。

5.2.2.3　使用要求

（1）绝缘靴应根据使用电压的高低、不同防护条件来选择。

（2）穿用绝缘靴时，其工作环境应能保持靴面干燥。在各类高压电气设备上工作时，使用绝缘靴，可配合基本安全用具（如绝缘棒、绝缘夹钳）触及带电部分，并要防护跨步电压所引起的电击伤害。在潮湿、有蒸汽、冷凝液体、导电灰尘或易发生危险的场所，尤其应注意配备合适的绝缘靴，应按标准规定的使用范围正确使用。

（3）使用绝缘靴时，应将裤管套入靴筒内。

（4）穿用绝缘靴应避免接触锐器、高温、腐蚀性和酸碱油类物质，防止绝缘靴受到损伤而影响绝缘性能。防穿刺型、耐油型及防砸型绝缘靴除外。

5.2.3　电容型验电器

5.2.3.1　外观检查

（1）电容型验电器的额定电压或额定电压范围、额定频率（或频率范围）、生产厂名和商标、出厂编号、生产年份、适用气候类型（D、C 和 G）、检验日期及带电作业用（双三角）符号等标识清晰完整，如图 5-8 所示。

图 5-8　验电器标识检查

（2）验电器的各部件，包括手柄、护手环、绝缘元件、限度标记（在绝缘杆上标注的一种醒目标志，向使用者指明应防止标志以下部分插入带电设备中或接触带电体）和接触电极、指示器和绝缘杆等均应无明显损伤。验电器外观检查如图 5-9 所示。

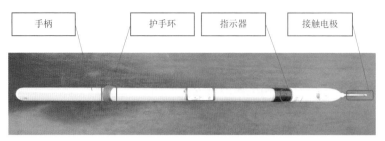

图 5-9　验电器外观检查

（3）绝缘杆应清洁、光滑，绝缘部分应无气泡、皱纹、裂纹、划痕、硬伤、绝缘层脱落、严重的机械或电灼伤痕。伸缩型绝缘杆各节配合合理，拉伸后不应自动回缩。

（4）指示器应密封完好，表面应光滑、平整。

（5）手柄与绝缘杆、绝缘杆与指示器的连接应紧密牢固。验电器拉伸检查如图 5-10 所示。

（6）自检三次，指示器均应有视觉和听觉信号出现。验电器自检检查如图 5-11 所示。

图 5-10　验电器拉伸检查

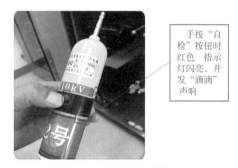

图 5-11　验电器自检检查

5.2.3.2　合格证检查

检查方法同 5.2.1.2 要求。

5.2.3.3　使用要求

（1）验电器的规格必须符合被操作设备的电压等级，使用验电器时，应轻拿轻放。

（2）操作前，验电器杆表面应用清洁的干布擦拭干净，使表面干燥、清洁。并在有电设备上进行试验，确认验电器良好；无法在有电设备上进行试验时可用高压发生器等确证验电器良好。如在木杆、木梯或木架上验电，不接地不能指示者，经运维值班负责人或工作负责人同意后，可在验电器绝缘杆尾部接上接地线。

（3）操作时，应戴绝缘手套，穿绝缘靴。使用抽拉式电容型验电器时，绝缘杆应完全拉开。人体应与带电设备保持足够的安全距离，操作者的手握部位不得越过护环，以保持有效的绝缘长度。

（4）非雨雪型电容型验电器不得在雷、雨、雪等恶劣天气时使用。

（5）操作前，应自检一次，声光报警信号应无异常。

5.2.4　接地线

5.2.4.1　外观检查

（1）接地线的厂家名称或商标、产品的型号或类别、接地线横截面积（mm^2）、生产年份及带电作业用（双三角）符号等标识清晰完整，如图5-12所示。

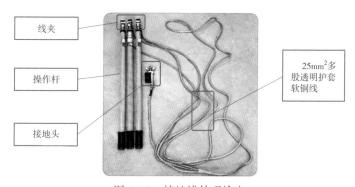

图5-12　接地线外观检查

（2）接地线的多股软铜线截面不得小于$25mm^2$，接地线的绝缘护套材料应柔韧透明，护层厚度大于1mm。护套应无孔洞、撞伤、擦伤、裂缝、龟裂等现象，导线无裸露、无松股、中间无接头、断股和发黑腐蚀。汇流夹应由T3或T2铜制成，压接后应无裂纹，与接地线连接牢固。接地线连接检查如图5-13所示。

（3）线夹完整、无损坏，与操作杆连接牢固，接触良好，无松动、腐蚀及

图 5–13　接地线连接检查

灼伤痕迹，有防止松动、滑动和转动的措施。应操作方便，安装后应有自锁功能。线夹与电力设备及接地体的接触面无毛刺，紧固力应不致损坏设备导线或固定接地点。

（4）接地线应采用线鼻与线夹相连接，线鼻与线夹连接牢固。

（5）接地线编号与存放位置编号应一致。

（6）接地操作杆检查同绝缘杆的要求。

5.2.4.2　合格证检查

检查方法同 5.2.1.2 要求。

5.2.4.3　使用要求

（1）接地线的截面应满足装设地点短路电流的要求，长度应满足工作现场需要。

（2）经验明确无电压后，应立即装设接地线并三相短路（直流线路两极接地线分别直接接地）。

（3）装设接地线时，应先接接地端，后接导线端，接地线应接触良好、连接应可靠，拆接地线的顺序与此相反，人体不准碰触未接地的导线。

（4）装、拆接地线均应使用满足安全长度要求的绝缘棒或专用的绝缘绳。

（5）禁止使用其他导线作接地线或短路线，禁止用缠绕的方法进行接地或短路。

（6）设备检修时模拟盘上所挂接地线的数量、位置和接地线编号，应与工作票和操作票所列内容一致，与现场所装设的接地线一致。

5.2.5　绝缘杆

5.2.5.1　外观检查

（1）绝缘杆的型号规格、制造厂名、制造日期、电压等级及带电作业用（双三角）符号等标识清晰完整，如图 5-14 所示。

图 5-14　绝缘杆外观标识检查

（2）绝缘杆的接头不管是固定式的还是拆卸式的，连接都应紧密牢固，无松动、锈蚀和断裂等现象，如图 5-15 所示。

绝缘杆连接部位转动灵活，连接牢固

图 5-15　绝缘杆连接检查

（3）绝缘杆应光滑，绝缘部分应无气泡、皱纹、裂纹、绝缘层脱落、严重的机械或电灼伤痕，玻璃纤维布与树脂间黏接完好不得开胶。

（4）握手的手持部分护套与操作杆连接紧密、无破损，不产生相对滑动或转动。

5.2.5.2 合格证检查

检查方法同 5.2.1.2 要求。

5.2.5.3 使用要求

（1）绝缘操作杆的规格必须符合被操作设备的电压等级，不可任意取用。

（2）操作前，绝缘操作杆表面应用清洁的干布擦拭干净，使表面干燥、清洁。

（3）操作时，人体应与带电设备保持足够的安全距离，操作者的手握部位不得越过护环，以保持有效的绝缘长度，并注意防止绝缘操作杆被人体或设备短接。

（4）为防止因受潮而产生较大的泄漏电流，危及操作人员的安全，在使用绝缘操作杆拉合隔离开关或经传动机构拉合隔离开关和断路器时，均应戴绝缘手套。

（5）雨天在户外操作电气设备时，绝缘操作杆的绝缘部分应有防雨罩，罩的上口应与绝缘部分紧密结合，无渗漏现象，以便阻断流下的雨水，使其不致形成连续的水流柱而大大降低湿闪电压。另外，雨天使用绝缘杆操作室外高压设备时，还应穿绝缘靴。

5.2.6 安全帽

5.2.6.1 外观检查

（1）永久标识和产品说明等标识清晰完整，安全帽的帽壳、帽衬（帽箍、吸汗带、缓冲垫及衬带）、帽箍扣、下颏带等组件完好无缺失，如图 5-16 所示。

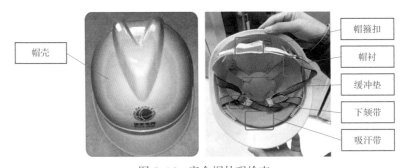

图 5-16 安全帽外观检查

（2）帽壳内外表面应平整光滑，无划痕、裂缝和孔洞，无灼伤、冲击痕迹。

（3）帽衬与帽壳连接牢固，后箍、锁紧卡等开闭调节灵活，卡位牢固。

（4）使用期从产品制造完成之日起计算：植物枝条编织帽不得超过两年，塑料和纸胶帽不得超过两年半；玻璃钢（维纶钢）橡胶帽不超过三年半，超期的安全帽应抽查检验合格后方可使用，以后每年抽检一次。每批从最严酷使用场合中抽取，每项试验试样不少于 2 顶，有一顶不合格，则该批安全帽报废。安全帽使用期检查如图 5-17 所示。

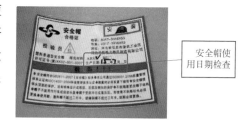

安全帽使用日期检查

图 5-17　安全帽使用期检查

5.2.6.2　合格证检查

检查机械试验合格证齐全，试验日期在有效日期内，试验信息正确齐全。

检查方法同 5.2.1.2 要求。

5.2.6.3　使用要求

（1）任何人员进入生产、施工现场必须正确佩戴安全帽。针对不同的生产场所，根据安全帽产品说明选择适用的安全帽。

（2）安全帽戴好后，应将帽箍扣调整到合适的位置，锁紧下颏带，防止工作中前倾后仰或其他原因造成滑落。

（3）受过一次强冲击或做过试验的安全帽不能继续使用，应予以报废。

（4）高压近电报警安全帽使用前应检查其音响部分是否良好，但不得作为无电的依据。

5.2.7　安全带

5.2.7.1　外观检查

（1）商标、合格证和检验证等标识清晰完整，各部件完整无缺失、无伤残，如图 5-18 所示。

（2）腰带、围杆带等带体无灼伤、脆裂及霉变，表面不应有明显磨损及切口；护腰带接触腰的部分应垫有柔软材料，边缘圆滑无角。

（3）金属配件表面光洁，无裂纹、严重锈蚀和目测可见的变形，配件边缘应呈圆弧形；金属环类零件不允许使用焊接，不应留有开口。

标识检查

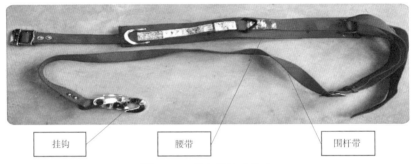

挂钩　　　　腰带　　　　围杆带

图 5-18　安全带外观检查

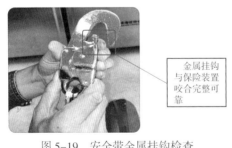

金属挂钩与保险装置咬合完整可靠

图 5-19　安全带金属挂钩检查

5.2.7.2　合格证检查

（4）金属挂钩等连接器应有保险装置，应在两个及以上明确的动作下才能打开，且操作灵活。钩体和钩舌的咬口必须完整，两者不得偏斜。各调节装置应灵活可靠，如图 5-19 所示。

检查机械拉力试验合格证齐全，试验日期在有效日期内，试验信息正确齐全。

检查方法同 5.2.1.2 要求。

5.2.7.3　使用要求

（1）围杆作业安全带一般使用期限为 3 年，区域限制安全带和坠落悬挂安全带使用期限为 5 年，如发生坠落事故，则应由专人进行检查，如有影响性能的损伤，则应立即更换。

（2）应正确选用安全带，其功能应符合现场作业要求，如需多种条件下使用，在保证安全提前下，可选用组合式安全带（区域限制安全带、围杆作业安全带、坠落悬挂安全带等的组合）。

（3）安全带穿戴好后应仔细检查连接扣或调节扣，确保各处绳扣连接牢固。

（4）2m 及以上的高处作业均应使用安全带。

（5）在陡坡、屋顶、杆塔以及其他危险的边沿进行工作，临空一面应装设安全网或防护栏杆，否则，作业人员应使用安全带。

（6）在没有脚手架或者在没有栏杆的脚手架上工作，高度超过 1.5m 时，应使用安全带。

（7）在电焊作业或其他有火花、熔融源等场所使用的安全带或安全绳应有隔热防磨套。

（8）安全带的挂钩或绳子应挂在结实牢固的构件或专为挂安全带用的钢丝绳上，并应采用高挂低用的方式。

（9）高处作业人员在转移作业位置时不准失去安全保护。

（10）禁止将安全带系在移动或不牢固的物件上〔如隔离开关（刀闸）支持绝缘子、瓷横担、未经固定的转动横担、线路支柱绝缘子、避雷器支柱绝缘子等〕。

（11）登杆前，应进行围杆带和后备绳的试拉，无异常方可继续使用。

5.2.8　安全围栏（网）

5.2.8.1　外观检查

（1）安全围栏（网）应保持完整、无破损、清洁无污垢、成捆整齐存放。

（2）安全围栏（网）数量应满足日常工作需要。

安全围栏（网）外观检查如图 5-20 所示。

5.2.8.2　使用要求

（1）安全围栏（网）装设时应固定牢固，与带电设备保持安全距离。

（2）安全围栏（网）有破损不能继续使用时，应及时补充更换。

图 5-20　安全围栏（网）外观检查

5.2.9　标识牌

5.2.9.1　外观检查

（1）标识牌应外观醒目，无破损、摆放整齐，如图 5-21 所示。

图 5-21　标识牌检查

（2）标识牌种类应齐全，数量满足日常工作需要。

5.2.9.2　使用要求

（1）标识牌悬挂应牢固，与带电设备保持安全距离。

（2）标识牌有破损不能继续使用时，应及时补充更换。

5.2.10　安全工器具柜

5.2.10.1　外观检查

（1）安全工器具柜温、湿度控制器运行正常，温、湿度指示符合要求。

（2）除湿器及干燥加热器工作正常，干燥加热器与工器具保持一定距离，加热器附近不应存放橡胶、塑胶、织物类工器具，防止加热器工作时引发火灾。

（3）及时清除除湿器储水盒内存水。

安全工器具柜检查如图 5-22 所示。

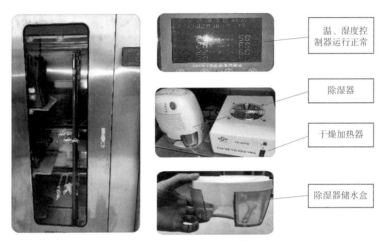

温、湿度控制器运行正常

除湿器

干燥加热器

除湿器储水盒

图 5-22 安全工器具柜检查

5.2.10.2 使用要求

（1）安全工器具柜正常时应上电运行正常，温、湿度控制器设定为自动控制运行。

（2）干燥加热器应在设定温度下自动控制运行，避免无保护而过热运行。

（3）除湿器储水盒应定期检查，及时清除存水。

（4）安全工器具柜柜门应关闭严密、开户灵活。

6　安全工器具使用、保管规定及维护方法

6.1　使用及保管规定（《国家电网公司电力安全工器具管理规定》国网企管〔2014〕748 号）

6.1.1　各级单位应为班组配置充足、合格的安全工器具，建立统一分类的

安全工器具台账和编号方法。使用保管单位应定期开展安全工器具清查盘点，确保做到账、卡、物一致。

6.1.2　安全工器具使用总体要求：

（1）使用单位每年至少应组织一次安全工器具使用方法培训，新进员工上岗前应进行安全工器具使用方法培训，新型安全工器具使用前应组织针对性培训。

（2）安全工器具使用前应进行外观、试验时间有效性等检查。

（3）绝缘安全工器具使用前、后应擦拭干净。

（4）对安全工器具的机械、绝缘性能不能确定时，应进行试验，合格后方可使用。

6.1.3　安全工器具使用应严格履行登记手续。使用时，领用人应确认安全工器具的有效性，确认合格后，方可出库；归还时，使用人应进行清洁整理和检查确认，检查合格的返库存放，不合格或超试验周期的应另外存放，做出"禁用"标识，停止使用。

6.1.4　安全工器具检查应使用标准化作业卡，并应及时登记安全工器具检查记录。

6.1.5　安全工器具试验、补充、更换后应及时维护安全工器具台账。

6.1.6　安全工器具的保管及存放，必须满足国家和行业标准及产品说明书要求。

6.1.7　安全工器具宜根据产品要求存放于合适的温度、湿度及通风条件处，与其他物资材料、设备设施应分开存放。

6.1.8　使用单位公用的安全工器具，应明确专人负责管理、维护和保养。个人使用的安全工器具，应由单位指定地点集中存放，使用者负责管理、维护和保养，班组安全员不定期抽查使用维护情况。

6.1.9　安全工器具在保管及运输过程中应防止损坏和磨损，绝缘安全工器具应做好防潮措施。

6.1.10　使用中若发现产品质量、售后服务等不良问题，应及时报告物资部门和安全监察部门，查实后，由安全监察部门发布信息通报。

6.2　维护方法

安全工器具检查常见问题及维护方法见表 6-1。

表 6-1　　　　　　　　　安全工器具检查常见问题及维护方法

设施	检查内容	常见问题	维护方法
安全 工器具	辅助型 绝缘手套	无标识、标识不清晰	完善标识
		铭牌无标识信息	报废处理，更换
		表面有破损，划痕、裂缝、折缝和孔洞	报废处理，更换
		充气检查漏气	报废处理，更换
		试验合格证过期	送检
	辅助型 绝缘靴	无标识、标识不清晰	完善标识
		铭牌无标识信息	报废处理，更换
		表面有破损，划痕、裂缝、折缝和孔洞	报废处理，更换
		鞋底（跟）磨损超过 1/2，或防滑齿磨平、外底磨露出绝缘层	报废处理，更换
		试验合格证过期	送检
	电容型 验电器	无标识、标识不清晰	完善标识
		铭牌无标识信息	报废处理，更换
		外观破损	报废处理，更换
		绝缘杆有气泡、皱纹、裂纹、划痕、硬伤、绝缘层脱落、严重的机械或电灼伤痕等	报废处理，更换
		无护手环或护手环损坏	报废处理，更换
		伸缩式连杆拉伸后脱落或固定不良	报废处理，更换
		自检时指示器无灯光、声响指示	检查并更换电池，否则应报废处理，更换
		试验合格证过期	送检
	携带型 短路接地线	无标识、标识不清晰	完善标识
		铭牌无标识信息	报废处理，更换

设施	检查内容	常见问题	维护方法
安全工器具	携带型短路接地线	接地线铜线截面积小于 $25mm^2$	报废处理，更换
		接地线护套有孔洞、撞伤、擦伤、裂缝、龟裂等现象	报废处理，更换
		导线裸露、松股、中间有接头、断股和发黑腐蚀	报废处理，更换
		汇流夹有裂纹	报废处理，更换
		汇流夹及线夹固定不牢固	坚固
		线夹损坏，压紧弹簧疲劳接触不良，有腐蚀及灼伤痕迹	报废处理，更换
		线夹安装后无自锁功能	报废处理，更换
		接地线编号与存放位置编号不一致	核对，完善一致
		试验合格证过期	送检
		接地线操作杆问题同绝缘杆	处理同绝缘杆
	绝缘杆	无标识、标识不清晰	完善标识
		铭牌无标识信息	报废处理，更换
		接头连接部位不牢固，有松动、锈蚀和断裂等现象	报废处理，更换
		绝缘部分有气泡、皱纹、裂纹、绝缘层脱落、严重的机械或电灼伤痕，玻璃纤维布与树脂间有开胶现象	报废处理，更换
		无护手环或护手环损坏	报废处理，更换
		试验合格证过期	送检
	安全帽	无标识、标识不清晰	完善标识
		铭牌无标识信息	报废处理，更换
		帽壳、帽衬（帽箍、吸汗带、缓冲垫及衬带）、帽箍扣、下颏带等组件损坏，无法使用	报废处理，更换
		帽壳内外表面应有划痕、裂缝、孔洞及灼伤、冲击痕迹	报废处理，更换

续表

设施	检查内容	常见问题	维护方法
安全工器具	安全帽	帽衬与帽壳连接不牢固，后箍、锁紧卡等开闭调节不灵活，卡位不牢固	报废处理，更换
		试验合格证过期	送检
	安全带	无标识、标识不清晰	完善标识
		铭牌无标识信息	报废处理，更换
		腰带、围杆带等带体有灼伤、脆裂及霉变，表面严重磨损及有切口现象	报废处理，更换
		金属配件表面有裂纹、严重变形；金属环类零件使用焊接，且有开口	报废处理，更换
		金属挂钩等连接器无保险装置	报废处理，更换
		试验合格证过期	送检
	安全围栏（网）标识牌	破损不能继续使用	报废处理，更换
		种类及数量不满足要求	补充
		破损、弯折	更换
		种类及数量不满足要求	补充
	安全工器具柜	温湿度控制器回路无电压	检查电源回路
		温湿度控制器不工作	检查控制器温度设定，否则由专业人员处理
		加热器不工作	专业人员处理
		加热器附近存放橡胶、塑胶、织物类工器具	清除、保持安全距离
		除湿器储水盒有存水	清除
		安全工器具柜密封不严	密封处理

安全工器具配置参考见表6-2（来源：《国家电网公司电力安全工器具管理规定》国网企管〔2014〕748号）。

表6-2　变电站安全工器具配置参考表

序号	工器具名称（单位）	500kV变电站			220kV变电站			110kV变电站			35kV变电站	
		500kV	220kV	35kV	220kV	110kV	35kV	110kV	35kV	10kV	35kV	10kV
1	安全工器具柜	4			4			3			2	
2	辅助型绝缘手套（双）	4			3			2			2	
3	辅助型绝缘靴（双）	4			3			3			2	
4	绝缘操作杆（套）	2（通用，按220kV电压等级配置）			2（通用，按220kV电压等级配置）			2（通用，按110kV电压等级配置）			2（通用，按35kV电压等级配置）	
5	验电器（只）	2	2	2	2	2	2	2	2	2	2	2
6	接地线（组）	6	6	6	6	6	6	6	6	9	6	9
7	安全帽（顶）	运维班所在地8项，非所在地20项			运维班所在地20项，非所在地4项			运维班所在地20项，非所在地4项			4	
8	梯子（架）	1）采用多能梯：1架 2）采用普通梯：人字、单梯各1架			1）采用多能梯：1架 2）采用普通梯：人字、单梯各1架			1）采用多能梯：1架 2）采用普通梯：人字、单梯各1架			1）采用多功能梯：1架 2）采用普通梯：人字、单梯各1架	
9	防毒面具（套）	2			2			2			2	
10	正压式空气呼吸器	2			2			1			1	
11	SF₆气体检漏仪（套）	1（GIS站和室内有SF₆开关站）			1（GIS站和室内有SF₆开关站）			1（GIS站和室内有SF₆开关站）			1（GIS站和室内有SF₆开关站）	

续表

序号	工器具名称（单位）	500kV变电站			220kV变电站			110kV变电站			35kV变电站	
		500kV	220kV	35kV	220kV	110kV	35kV	110kV	35kV	10kV	35kV	10kV
12	标示牌（禁止合闸，有人工作！）（块）		30			20			15			10
13	标示牌（禁止分闸！）（块）		30			20			15			10
14	标示牌（禁止攀登，高压危险！）（块）		30			20			15			10
15	标示牌（止步，高压危险！）（块）		40			30			25			20
16	标示牌（在此工作！）（块）		30			20			15			10
17	标示牌（禁止合闸，线路有人工作！）（块）		30			20			15			10
18	标示牌（从此进出！）（块）		30			20			15			10
19	红布幔（块）		30			20			15			10
20	安全带（副）		2			2			2			2
21	安全围栏（m）		210			150			90			60

注　1. 各级单位可根据现场实际需要调整配置数量。
　　2. 无对应电压等级，参照相应高一级电压等级配置。
　　3. 特高压及直流换流站按实际需要配置。

7 消防器材、设施概述

7.1 消防器材、设施分类

变电站消防器材、设施按其工作方法分为以下几类。

（1）灭火器材：主要有灭火器、水（泡沫）喷淋系统、排油充氮灭火装置等。

（2）消防工器具：主要有消防柜、消防沙箱、消防桶、消防铲、消防斧、消防锹、消防钩等。

（3）消防报警系统：火灾自动报警系统（包括烟感器、温感器、火焰探测器、手动报警按钮、消防控制设备、主机、显示器等）。

7.2 消防器材、设施简介

7.2.1 灭火器

（1）作用：通过灭火器钢瓶内不同的灭火介质直接喷射法扑灭火灾的一种灭火器材。

（2）分类：灭火器按工件原理分为泡沫灭火器、二氧化碳灭火器、干粉灭火器、1211 灭火器。

1）泡沫灭火器。泡沫灭火器由筒身、瓶胆、筒盖、提环等组成。筒身由钢板滚压焊接而成。筒身内悬挂装有硫酸铝水溶液的玻璃瓶或聚乙烯塑料制的瓶胆。筒身内装有碳酸氢钠与发沫剂的混合溶液。

使用方法：使用时将筒身颠倒过来，碳酸氢钠与硫酸铝两溶液混合后发生化学作用，产生二氧化碳气体泡沫，由喷嘴喷出。

使用范围：泡沫灭火器适用于扑救油脂类、石油类产品及一般固体物质的初起火灾。

注意事项：使用时，必须注意不要将筒盖、筒底对着人体，以防万一发生爆炸伤人。泡沫灭火器只能立着放置。

泡沫灭火器一般有手提式、推车式两种。筒内溶液一般一年更换一次。

2）二氧化碳灭火器。二氧化碳灭火器由筒身（钢瓶）、启闭阀、喷筒及虹吸管组成。二氧化碳成液态灌入钢瓶内，在 20℃时钢瓶内的压力为 6MPa。使用时液态二氧化碳从灭火器喷出后迅速蒸发，变成固体雪花状的二氧化碳，又称干冰，其温度为 −78℃。固体的二氧化碳在燃烧物体上迅速挥发而变成气体。当二氧化碳气体在空气中含量达到 30%～35% 时，物质燃烧就会停止。

使用范围：二氧化碳灭火器主要适用于扑救贵重设备、档案资料、仪器仪表、600V 以下的电器及油脂等的火灾。但不适用于扑灭某些化工产品（如金属钾、钠等）的火灾。

二氧化碳灭火器主要为手提式，分为手轮式和鸭嘴式两种，大容量的也有推车式的。

使用方法：使用鸭嘴式二氧化碳灭火器时，一手拿喷筒对准火源，另一手握紧鸭舌，气体即可喷出。使用手轮式二氧化碳灭火器时，一手拿喷筒对准燃烧物，另一手拧开梅花轮，气体即可喷出。

注意事项：二氧化碳是电的不良导体，但超过 600V 时，必须先停电后灭火。二氧化碳灭火器怕高温，存放地点的温度不得超过 42℃。使用二氧化碳灭火器时，不能用手摸金属导管，也不能把喷筒对着人，以防冻伤。使用时还应注意风向，逆风喷射会影响灭火效果。

钢瓶内的二氧化碳重量要定期检查，如二氧化碳重量比额定重量减少 1/10 时，应进行灌装。一般规定每季检查一次。

3）干粉灭火器。干粉灭火器主要由盛装粉末的粉桶、储存二氧化碳的钢瓶、装有进气管和出粉管的器头以及输送粉末的喷管组成。干粉灭火器是以高压二氧化碳气体作为动力，喷出粉末扑灭火灾的。

使用范围：干粉灭火器主要适用于扑救石油及其产品、可燃气体和电器设备的初起火灾。

使用方法：使用干粉灭火器时，应先打开保险销，把喷管喷口对准火源，另一手紧握导杆提环，将顶针压下，干粉即喷出。

注意事项：干粉灭火器应保持干燥、密封，以防止干粉结块。同时要防止日光曝晒，以防二氧化碳受热膨胀而发生漏气现象。应定期检查干粉是否结块，二氧化碳气量是否充足。干粉灭火器的有效期一般为 4~5 年。干粉灭火器分为手提式和推车式两种。

4）1211 灭火器。1211 灭火器主要由筒身（钢瓶）和筒盖两部分组成。钢瓶内装满 1211 灭火剂，筒盖上装有压把、压杆、喷嘴、密封阀、虹吸管、保险销等。1211 是卤化物二氟一氯一溴甲烷的代号，是卤代烷灭火剂中使用较广的一种。

使用范围：1211 灭火器主要适用于扑救油类、精密机械设备、仪表、电子仪器设备及文物、图书、档案等贵重物品的初起火灾。

使用方法：使用时，先拔掉保险销，然后握紧压把开关，压杆就使密封阀开启，1211 灭火剂在氮气压力作用下，通过虹吸管由喷嘴喷出。松开压把开关，喷射即中止。

注意事项：1211 灭火器应放置在不受日照、火烤的地方，但又要注意防潮，防止剧烈振动和碰撞。要定期检查压力表，发现低于使用压力的 9/10 时，应重新充气。同时要定期检查重量，低于标明重量 9/10 时，应重新灌药。

1211 灭火器分为手提式和推车式两种。

7.2.2　水（泡沫）喷淋系统

（1）作用：当变电站主变压器发生火灾时通过水（泡沫）喷淋形式灭火的一种水（泡沫）喷淋系统。

（2）原理：平时管网内为低压水，当主变压器发生火灾时，火灾探测器探测到火灾，通过控制电动或手动开启控制阀和消防水泵，管网水压增大，当水压大于一定值时，水喷雾头上的压力启动帽脱落，从而喷头一起喷水对主变压器进行灭火。

7.2.3　排油充氮灭火装置

（1）作用。具有自动探测变压器火灾，可自动（或手动）启动，控制排油阀开启排放部分变压器油排油泄压，同时通过断流阀有效切断储油柜至油箱的油路，并控制氮气释放阀开启向变压器内注入氮气的一种灭火系统。

（2）工作原理。当变压器内部发生故障或着火时，油箱内部产生大量可燃气体，引起气体继电器动作，发出重瓦斯信号，断路器跳闸；变压器内部故障同时导致油温升高，布置在变压器上的温感火灾探测器动作，向消防控制柜发出火警信号。消防控制中心接到火警信号、重瓦斯信号、断路器跳闸信号后，启动排油注氮系统，排油泄压，防止变压器爆炸；同时，储油柜下面的断流阀自动关闭，切断储油柜向变压器油箱供油，变压器油箱油位降低。一定延时后（一般为 $3 \sim 20s$），氮气释放阀开启，氮气通过注氮管从变压器箱体底部注入，搅拌冷却变压器油并隔离空气，达到防火灭火的目的。

7.2.4　消防工器具

一种消防灭火时的辅助工器具。

7.2.5　火灾自动报警系统

（1）作用。通过自动检测、自动报警、自动灭火、安全疏散诱导、系统过程显示、消防档案管理等组成的一个完整的消防控制系统。

（2）工作原理。发生火灾时，通过触发器件（烟感器、温感器、火焰探测器、手动报警按钮）探测并启动报警。它能够在火灾初期，将燃烧产生的烟雾、热量和光辐射等物理量，通过感温、感烟和感光等火灾探测器变成电信号，传输到火灾报警控制器，并同时显示出火灾发生的部位，记录火灾发生的时间。一般火灾自动报警系统和自动喷水灭火系统、室内外消火栓系统、防排烟系统、通风系统、空调系统、防火门等相关设备联动，自动或手动发出指令、启动相应的装置。

7.3 消防器材、设施图例

消防器材、设施图例见图 7-1 ~ 图 7-3。

图 7-1 消防器材　　图 7-2 变压器水喷淋系统　　图 7-3 变压器排油充氮系统

8 消防器材、设施检查维护作业

8.1 作业流程

消防器材、设施检查维护作业流程如图 8-1 所示。

8.2 检查维护

8.2.1 工作准备

（1）填写变电站消防器材维护作业卡，变电站消防设施维护作业卡。

（2）工具、材料准备。按工作需要准备标签机、毛刷、毛巾、防锈漆、标识漆、打印纸等工具及材料。

（3）汇报调控中心。工作前，汇报调控中心监控班当天工作内容。

8.2.2 工作实施

8.2.2.1 消防标识、通道

（1）防火重点部位禁止烟火的标志清晰，无破损、脱落；安全疏散指示标志清晰，无破损、脱落；安全疏散通道照明完好、充足。

（2）消防通道畅通，无阻挡；消防设施周围无遮挡，无杂物堆放。

8.2.2.2 灭火器

灭火器外观完好、清洁，罐体无损伤、变形；配件无破损、松动、变形；

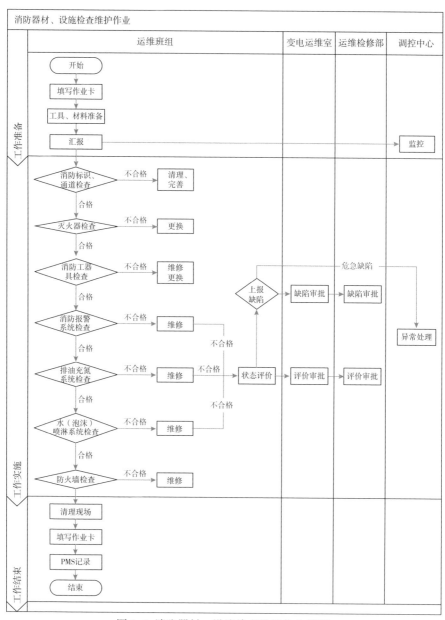

图 8-1 消防器材、设施检查维护作业流程

检验不超期；生产日期、试验日期符合规范要求，合格证齐全；灭火器压力正常。灭火器检查如图 8-2 所示。

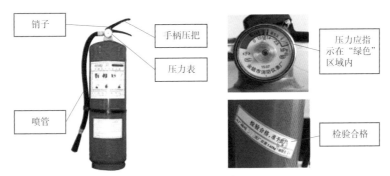

图 8-2　灭火器检查

8.2.2.3　消防工器具

（1）消防柜红色标记醒目，设备编号、标识齐全、清晰、无锈迹、无损坏。

（2）消防斧、消防锹、消防钩、消防桶、消防水带等消防工器具数量充足，无破损、损坏现象，如图 8-3 所示。

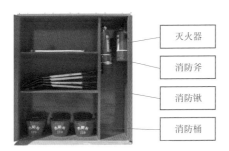

图 8-3　消防柜检查

（3）消防沙箱完好，无开裂、漏砂，如图 8-4 所示。

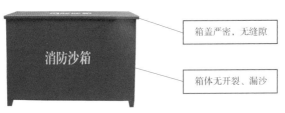

图 8-4　消防沙箱检查

8.2.2.4 消防报警系统（以 JB-QB-GST200 型火灾报警装置为例说明）

（1）火灾报警控制器各指示灯显示正常，无异常报警，控制器"主电工作"指示灯（绿色）亮，控制器"工作"指示灯（绿色）均亮，显示屏显示"系统工作正常"，如图 8-5 所示。按"自检"键，所有红色报警灯、黄色故障报警灯及总"故障"灯应亮，并发出故障报警声，如图 8-6 所示。

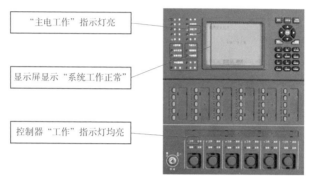

图 8-5　火灾报警装置检查

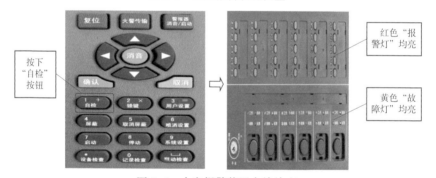

图 8-6　火灾报警装置自检检查

（2）火灾自动报警系统触发装置安装牢固，外观完好，如图 8-7 所示。

图 8-7　火灾报警触发装置

（3）火灾报警控制器装置打印纸数量充足，工作正常，如图 8-8 所示。

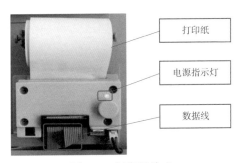

图 8-8　打印机检查

（4）火灾自动报警系统备用电源正常，能可靠切换。断开"主电"电源开关，此时，"备电"指示灯应亮，并发语音报警信号，如图 8-9 所示。

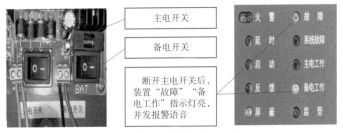

图 8-9　火灾报警装置电源检查

（5）火灾自动报警系统自动、手动报警正常，手动启动方式按钮防误碰措施完好，火灾报警联动正常，与监控核对信号上传正常，如图 8-10 所示。

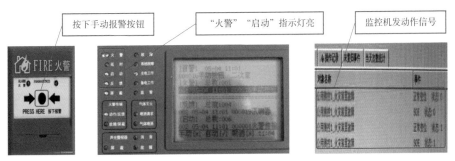

图 8-10　火灾报警装置手动启动检查

（6）火灾探测器、法兰、管道、支架和紧固件无变形、损伤，防腐层完好，如图8-11所示。

烟感探头

图8-11 火灾探测器检查

8.2.2.5 排油充氮系统

（1）断流阀、充氮阀、排油阀、排气塞等位置标识清晰、位置正确，无渗漏，如图8-12所示。

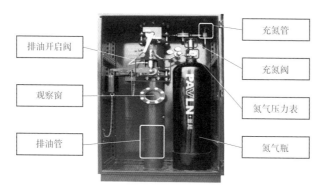

排油开启阀

观察窗

排油管

充氮管

充氮阀

氮气压力表

氮气瓶

图8-12 排油充氮系统检查

（2）排油充氮灭火装置完好无锈蚀、接地良好，封堵严密，柜内无异物。

（3）排油充氮灭火装置基础无倾斜、下沉、破损开裂。

（4）排油充氮灭火装置氮气瓶压力、氮气输出压力合格。

（5）控制柜各指示灯显示正确，无异常及告警信号，工作状态正常。

8.2.2.6 水（泡沫）喷淋系统

（1）雨淋阀、喷雾头、管件、管网及阀门无损伤、腐蚀、渗漏；各阀门标识清晰、位置正确，工作状态正常；各管路畅通，接口、排水管口无水流。

（2）水（泡沫）喷淋系统水泵工作正常；泵房内电源正常，各压力表完好，指示正常。

（3）水（泡沫）喷淋系统控制柜完好无锈蚀，接地良好，封堵严密，柜内无异物。

（4）室内、外消火栓完好，无渗漏水；消防水带完好、无变色。

（5）消防水池水位正常。

8.2.2.7 防火墙

电缆沟内防火隔墙完好，墙体无破损，封堵严密；防火墙标示线清晰、无脱落，如图 8–13 所示。

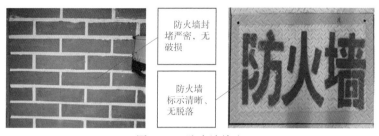

防火墙封堵严密，无破损

防火墙标示清晰、无脱落

图 8–13　防火墙检查

8.2.3　工作结束

（1）填写作业卡。填写变电站消防器材维护作业卡，变电站消防设施维护作业卡。

（2）填写记录。在 PMS 系统填写消防设施检查维护记录，如图 8–14所示。

图 8–14　消防器材、设施检查维护记录

9　消防器材、设施运行规定及维护方法

9.1　运行规定（《国家电网公司变电运维管理规定》国网〔运检 /3〕828—2017）

9.1.1　消防器材和设施应建立台账，并有管理制度。

9.1.2　变电运维人员应熟知消防器具的使用方法，熟知火警电话及报警方法。

9.1.3 有结合本站实际的消防预案，消防预案内应有本站变压器类设备灭火装置、烟感报警装置和消防器材的使用说明并定期开展演练。

9.1.4 现场运行规程中应有变压器类设备灭火装置的操作规定。

9.1.5 变电站应制定消防器材布置图，标明存放地点、数量和消防器材类型，消防器材按消防布置图布置；变电运维人员应会正确使用、维护和保管。

9.1.6 消防器材配置应合理、充足，满足消防需要。

9.1.7 消防沙池（箱）砂子应充足、干燥。

9.1.8 消防用铲、桶、消防斧等应配备齐全，并涂红漆，起警示提醒作用，并不得露天存放。

9.1.9 变电站火灾应急照明应完好、疏散指示标志应明显；变电运维人员掌握自救逃生知识和技能。

9.1.10 穿越电缆沟、墙壁、楼板进入控制室、电缆夹层、控制保护屏等处电缆沟、洞、竖井应采用耐火泥、防火隔墙等严密封堵。

9.1.11 防火墙两侧、电缆夹层内、电缆沟通往室内的非阻燃电缆应包绕防火包带或涂防火涂料，涂刷至防火墙两端各 1m，新敷设电缆也应及时补做相应的防火措施。

9.1.12 设备区、开关室、主控室、休息室严禁存放易燃易爆及有毒物品。

9.1.13 失效或使用后的消防器材必须立即搬离存放地点并及时补充。

9.1.14 因施工需要放在设备区的易燃、易爆物品，应加强管理，并按规定要求使用及存放，施工后立即运走。

9.1.15 在变电站内进行动火作业，需要到主管部门办理动火（票）手续，并采取安全可靠的措施。

9.1.16 在电气设备发生火灾时，禁止用水进行灭火。

9.1.17 现场消防设施不得随意移动或挪作他用。

9.2 维护方法

变电站消防器材、设施常见问题及维护方法见表 9-1。

表 9-1　　　　　　变电站消防器材、设施常见问题及维护方法

序号	消防设施	检查内容	常见问题	维护方法
1	消防标识、通道	外观	标识不清晰、破损、脱落	完善标识
		安全疏散通道照明	不满足要求	配备完善
		消防通道	不畅通、有杂物堆放	清理杂物
2	灭火器	外观	不清洁	清擦
		罐体	罐体损伤、变形	更换
		配件	破损、松动、变形	更换
		检验日期，生产日期、试验日期	超期	更换
		合格证	不齐全、超期	更换
		压力	不合格	更换，回收灌装
		重量	二氧化碳灭火器二氧化碳重量比额定重量减少1/10	更换，回收灌装
3	消防工器具	外观	破损，消防沙箱开裂、漏砂	更换，消防沙箱可维修
		数量	不齐全	补充齐全
4	火灾自动报警系统	显示器	指示异常报警	检查报警位置异常情况
		触发装置	工作指示灯不亮	专业人员处理
		打印纸	缺纸	补充打印纸
		手动报警按钮	试验不启动	专业人员处理
		备用电源	不能切换	更换熔丝或专业人员处理
			电池电压低、容量不足	更换电池
		信号上传	信号不上传监控	专业人员处理

续表

序号	消防设施	检查内容	常见问题	维护方法
4	火灾自动报警系统	控制屏	工作指示灯不亮或有告警信号	检查复归或专业人员处理
		火灾探测器、法兰、管道、支架和紧固件外观	变形、损伤	更换
		火灾探测器	试验不启动	专业人员处理
			故障报警	按下"屏蔽"键，输入需要屏蔽探测器编码，按"确认"键存储
		告警信号及音响	现场无火情，装置误报警	按"报警器消音／启动"键或按下"复位"键复归，若无效，应将其屏蔽，联系专业人员处理
			报"主电"故障	检查主电源的接线、熔断器是否熔断，备用电源是否已切换
			报"备电"故障	检查备用电源的接线、熔断器是否熔断
		装置	异常声音、光指示、气味等	应立即关闭电源，联系专业人员处理
5	排油充氮系统	外观	标识不清晰	完善标识
		各阀、管件渗漏情况	有渗漏	上报缺陷处理
		控制柜	各指示灯显示不正确	上报缺陷处理
		箱柜封堵情况	封堵不严密	封堵完善
		基础	下沉、破损开裂	上报缺陷处理
		氮气瓶压力	氮气瓶欠压告警	应及时停用排油充氮灭火系统，并上报缺陷处理
		装置	充氮装置动作信号发出，注氮阀开启告警信号发出	现场无火情，应排除误发信号，否则上报缺陷处理

序号	消防设施	检查内容	常见问题	维护方法
6	水（泡沫）喷淋系统	外观	标识不清晰、脱落	完善标识
		各阀、管件渗漏情况	有渗漏	上报缺陷处理
		水泵	蓄水池水泵不启动	停用故障泵，启动备用泵，若电源回路、控制回路、机械回路故障上报缺陷处理
		消防水池	水位低	补充水
7	防火墙	标识	标识线不清晰、脱落	完善标识
		外观	墙体破损，封堵不严	重新封堵

　　35～750kV 变电站消防器材配置参考见表 9-2～表 9-6（来源：Q/NDL 2212/002-200《国网宁夏电力公司消防器材配置规范》）。

表 9-2　　　　　　　　　750kV 变电站消防器材配置参考表

配置部位	消防器材									保护面积（m²）
	二氧化碳灭火器（MT7）	手提式 ABC 干粉灭火器（磷酸铵盐）5kg（具）	推车式干粉灭火器（50kg）	沙箱 1m³（个）	正压式呼吸器（碳钢）	消防铲	消防斧	消防铅桶	活动式喷雾水枪	
办公休息区		4								400
控制室	2	2								80
通信计算机房	4	2								160
二次设备室	4	2								80
35kV 配电室		2								100
室外主变压器（电抗器）			2	2		3～5		8		

续表

配置部位	消防器材									
	二氧化碳灭火器（MT7）	手提式ABC干粉灭火器（磷酸铵盐）5kg（具）	推车式干粉灭火器（50kg）	沙箱1m³（个）	正压式呼吸器（碳钢）	消防铲	消防斧	消防铅桶	活动式喷雾水枪	保护面积（m²）
交直流配电室	2	4								160
蓄电池室	2	2								50
电缆 夹层		4								200
电缆 竖井		2								100
警卫室		2								60
站内公用设施		8			2	3	3	8	4	

表 9-3 　　　　　　　　330kV 变电站消防器材配置参考表

配置部位	消防器材									
	二氧化碳灭火器（MT7）	手提式ABC干粉灭火器（磷酸铵盐）5kg（具）	推车式干粉灭火器（50kg）	沙箱1m³（个）	正压式呼吸器（碳钢）	消防铲	消防斧	消防铅桶	活动式喷雾水枪	保护面积（m²）
办公休息区		4								400
控制室	2	2								120
通信计算机房	4	2								160
二次设备室	4	2								80
主控楼配电室		2								60
室外主变压器			2	2		3～5		6		
交直流配电室	2	4								160
蓄电池室		2								50
电缆 夹层		4								250
电缆 竖井		2								100

续表

配置部位	消防器材									
	二氧化碳灭火器（MT7）	手提式ABC干粉灭火器（磷酸铵盐）5kg（具）	推车式干粉灭火器（50kg）	沙箱1m³（个）	正压式呼吸器（碳钢）	消防铲	消防斧	消防铅桶	活动式喷雾水枪	保护面积（m²）
生活场所		2								300
站内公用设施		8			2	3	3	8	4	

表9-4　　　　　　　　　220kV变电站消防器材配置参考表

配置部位		消防器材								
		手提式ABC干粉灭火器（磷酸铵盐）5kg（具）	推车式干粉灭火器（35kg）	沙箱1m³（个）	正压式呼吸器（碳钢）	消防铲	消防斧	消防铅桶	活动式喷雾水枪	保护面积（m²）
二次设备室		5								80
220（110）kV开关（母线）室		5								400
35（10/20）kV开关（母线）室		5								400
蓄电池室		4								105
室外主变压器			4	1		3~5				
接地变（消弧线圈）		2								160
电容器室	5MVA	2								70
	5~10MVA	3								140
	10~15MVA	4								210
	15~20MVA	5								280
电缆	夹层	4								250
	竖井	2								100

续表

配置部位	消防器材								保护面积（m²）
	手提式ABC干粉灭火器（磷酸铵盐）5kg（具）	推车式干粉灭火器（35kg）	沙箱1m³（个）	正压式呼吸器（碳钢）	消防铲	消防斧	消防铅桶	活动式喷雾水枪	
微机（通信）室	2								200
生活场所	4								300
站内公用设施	12				2	3	3	8	6

表 9-5　　　110kV 变电站消防器材配置参考表

配置部位	消防器材						保护面积（m²）
	手提式ABC干粉灭火器（磷酸铵盐）5kg（具）	推车式干粉灭火器（35kg）	沙箱1m³（个）	消防铲	消防斧	消防铅桶	
二次设备室	4						300
110kV开关（母线）室	4						300
35（10/20）kV开关（母线）室	4						300
蓄电池室	2						80
室外主变压器		2	1	3~5			
室内主变压器	4	2					450
接地变压器（消弧线圈）	2						100
电缆　夹层	4						200
电缆　竖井	2						100
微机（通信）室	2						200
站内公用设施	5			5	2	6	

表 9-6   35kV 变电站消防器材配置参考表

配置部位	消防器材						
	手提式 ABC 干粉灭火器（磷酸铵盐）5kg（具）	推车式干粉灭火器（35kg）	沙箱 $1m^3$（个）	消防铲	消防斧	消防铅桶	保护面积（m^2）
二次设备室	2						100
35（10）kV 开关（母线）室	4						200
室外主变压器		1	1	3～5			
站内公用设施	2				2	5	

注 1. 如果二次设备室（监控室）屏柜较多，面积较大，则可按 12 个屏配置一具灭火器来计算，或按 GB 50140—2005《建筑灭火器配置设计规范》计算，但 750、±660、330、220kV 站灭火器总数不小于 5 具，110kV 灭火器总数不小于 4 具；或超过保护面积后 750、±660kV 站每 $80m^2$ 增配 1 具，330、220、110kV 站每 $80m^2$ 增配 1 具。

     2. 如果开关（母线）室较长，则可按 3 个间隔（330/220/110kV）、6 个间隔（35kV）或 12 个间隔（10kV）配置一具灭火器计算，或按 GB 50140—2005 计算，但灭火器总数 330/220kV 站不应小于 5 具，110kV 站不应小于 4 具。

     3. 蓄电池室的灭火器应放置在门外。

     4. 喷雾水枪应配相应的消防水带。当全站不设消防水系统时，不配置喷雾水枪。

     5. 消防铅桶应装满黄沙，沙箱为每台主变压器数，沙箱、桶、铲应为红色，沙箱上部应有白色的"消防砂箱"字样。

     6. 灭火器箱前部应标注"灭火器箱、火警电话、厂内火警电话、编号"等信息，灭火器箱或灭火器的上方应固定设置标志牌，室外推车式灭火器配置不锈钢灭火器箱。

     7. 手提式灭火器宜设置在灭火器箱内或挂钩、托架上，铭牌向外，高度不得高于 1.5m，距离地面不小于 0.08 m。

     8. 若为无人值班变电站，则可不配置正压式空气呼吸器，在操作队配置 2 台，工作时随车携带。

灭火器报废年限见表 9-7（来源：Q/NDL 2212/002–200《国网宁夏电力公司消防器材配置规范》）。

表 9-7   灭火器的报废年限

灭火器类型	报废年限
手提式干粉灭火器（储气瓶式）	8
手提储压式干粉灭火器	10

续表

灭火器类型	报废年限
手提式二氧化碳灭火器	12
推车式化学泡沫灭火器	8
推车式干粉灭火器（储气瓶式）	10
推车储压式干粉灭火器	12
推车式二氧化碳灭火器	12

注　灭火器有下列情况之一者，必须报废：

（1）筒体严重锈蚀（锈蚀面积大于、等于筒体总面积的 1/3，表面产生凹坑）的灭火器。

（2）筒体明显变形，机械损伤严重的灭火器。

（3）器头存在裂纹、无泄压机构的灭火器。

（4）没有生产厂名称和出厂年月的（含铭牌脱落，或虽有铭牌，但已看不清生产厂名称，或出厂年月钢印无法识别的）灭火器。

（5）被火烧过的灭火器。

（6）灭火器报废后，应按照等效替代的原则进行更换。

10 安防设施概述

10.1 安防设施分类

变电站安防设施按其工作方法分为脉冲电子围栏、视频监控系统、门禁系统、实体防护（防盗门、防盗窗、防盗栅栏）。

10.2 安防设施简介

10.2.1 脉冲电子围栏

（1）作用。安装于变电站围墙及大门处，阻止非法入侵变电站的一种脉冲电子报警系统。

（2）工作原理。脉冲发生器向围栏发射脉冲电压，接收端反馈脉冲信号，并探测两端阻值，若探测不到脉冲信号或阻值太小，则可能为围栏遭到破坏或有非法入侵，主机则会报警。

电子围栏主机电压输出符合国际标准／国家标准的各种指标，低频低能量高电压的脉冲电压（5000～10000V），脉冲电压作用时间极短，不会对人造成伤害。

10.2.2　视频监控系统

（1）作用。通过室内外不同位置安装的摄像头实时采集和传输图像，利用就地或远程集中监控功能实现变电站的安全防范、现场遥视、数据存储及管理功能为一体的网络视频监控系统。

（2）工作原理。基于 IP 网络，能独立完成视频监控相关业务，提供音视频、数据、告警及状态等信息远程采集、传输、储存、处理业务的监控系统。不同区域的视频监控系统可以联网，实现多区域视频监控。视频监控系统的基本组成部分包括视频监控平台、前端系统和客户端／用户。

10.2.3　变电站门禁系统

（1）作用。门禁系统，又称出入口管理系统，能实时监控和管理变电站各出入门状态和出入情况，通过多种开锁方式进行在线远程和就地开闭门，实现各出入口的智能管理。

（2）工作原理。门禁控制系统一般由门禁系统现场控制设备和控制中心两大部分组成。门禁系统现场控制设备由控制器、识别器和电控门锁及其他附件组成。常用的识别器有密码键盘、感应式 IC 卡、水印磁卡、生物识别技术及指纹识别技术等。当门禁控制器接收到识别器传送过来的开门请求时，门控器会自动判断此请求是否由有权进入的人发出，如果是有权进入的人，控制器自动打开电控锁；如果是无权进入的人，则不开门，同时门禁控制器将这些操作信号实时传入控制中心。控制中心是一套计算机系统，它可实时监控各控制器的状态，实现系统权限配置、动作信息记录、查询及统计，电子地图，下发控制信号，流程控制，以及与其他系统的通信等多种功能。

10.2.4　变电站实体防护（防盗门、防盗窗、防盗栅栏）

通过门、窗、栅栏等实体防护物来阻止非法入侵。

10.3　安防设施图例

变电站安防设施图例如图 10-1 所示。

电子围栏系统　　　　　　　视频监控系统　　　　　　门禁系统

图 10-1　变电站常用安防系统

11　安防设施检查维护作业

11.1　作业流程

安防设施检查维护作业流程如图 11-1 所示。

11.2　检查维护

11.2.1　工作准备

（1）填写变电站安防设施（电子围栏、视频监控）维护作业卡。

（2）材料准备。按工作需要准备标签机、毛刷、毛巾、防锈漆、标识漆、打印纸等工具及材料。

（3）汇报调控中心。工作前，汇报调控中心监控班当天工作内容。

11.2.2　工作实施

11.2.2.1　脉冲电子围栏（以博丰斯脉冲电子围栏系统为例说明）

（1）电子围栏报警主控制箱工作电源应正常，电源指示灯亮，无异常信号，如图 11-2 所示。

（2）电子围栏主导线架设正常，无松动、断线现象；主导线上悬挂的警示牌无掉落；围栏承立杆无倾斜、倒塌、破损，如图 11-3 所示。

（3）红外对射或激光对射系统电源线、信号线连接牢固，电源线、信号线穿管处封堵良好；红外探测器或激光探测器支架安装牢固，无倾斜、断裂，角度正常，外观完好，指示灯正常。红外对射探测器检查如图 11-4 所示。

（4）红外探测器或激光探测器工作区间无影响报警系统正常工作的异物。

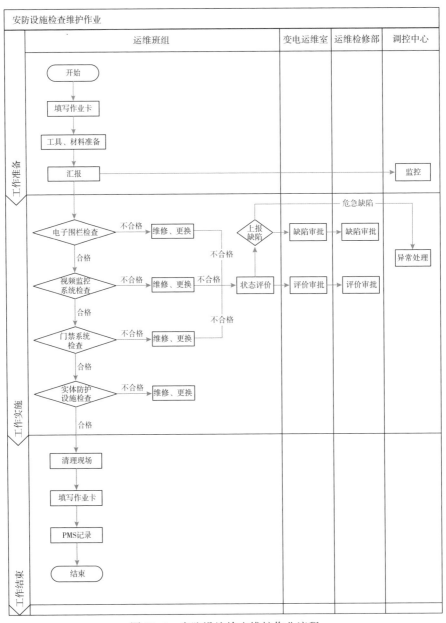

图 11-1　安防设施检查维护作业流程

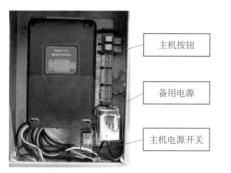

主机按钮

备用电源

主机电源开关

图 11-2 电子脉冲主机检查

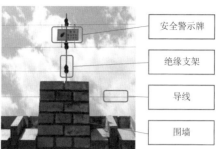

安全警示牌

绝缘支架

导线

围墙

图 11-3 电子围栏检查

红外对射器

图 11-4 红外对射探测器检查

（5）电子围栏报警、红外对射或激光对射报警装置试验报警正常，与监控核对信号动作正确，对布防装置进行布防、撤防测试正常，如图 11-5 所示。

（6）电子围栏各防区防盗报警主机箱体清洁、无锈蚀、无凝露。标牌清晰、正确，接地、封堵良好。

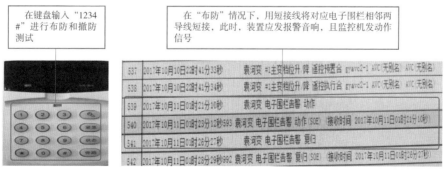

图 11-5 电子围栏试验检查

11.2.2.2 视频监控系统

（1）视频显示主机运行正常、画面清晰、摄像机镜头清洁，摄像机控制灵活，传感器运行正常，如图 11-6 所示。

图 11-6 视频监控系统检查（一）

（2）检查视频监控系统无掉线，各摄像画面切换正常、图像清晰度，通信通道正常；测试球机、云台、轨道操控、变焦正常，如图 11-7 所示。

图 11-7 视频监控系统检查（二）

（3）视频主机屏上各指示灯正常，网络连接完好，交换机（网桥）指示灯正常，如图 11-8 所示。

（4）视频主机屏内的设备运行情况良好，无发热、死机等现象。

（5）视频系统工作电源及设备正常，无影响运行的缺陷。

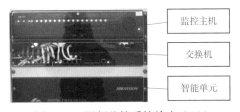

图 11-8 视频监控系统检查（三）

（6）摄像机安装牢固，外观完好，方位正常，灯光正常，旋转到位，雨刷旋转正常。

（7）信号线和电源引线安装牢固，无松动及风偏。

（8）摄像机支撑杆无锈蚀，接地良好，标识规范。

11.2.2.3 变电站门禁系统

（1）读卡器或密码键盘防尘、防水盖完好，无破损、脱落，如图11-9所示。

图11-9 门禁系统检查（一）

（2）电源工作正常，电控锁指示灯正常。

（3）开门按钮正常，无卡涩、脱落；开关门声音正常，无异常声响，如图11-10所示。

图11-10 门禁系统检查（二）

（4）附件完好，无脱落、损坏。

（5）远方开门正常、关门可靠。

（6）读卡器及按键密码开门正常。

（7）主机运行正常，各指示灯显示正常，无死机现象，报警正常，如图11-11所示。

11.2.2.4 变电站实体防护（防盗门、防盗窗、防盗栅栏）

（1）防盗门安装牢固、开闭灵活、锁具正常，无锈蚀及损坏现象。

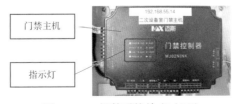

图11-11 门禁系统检查（三）

（2）防盗窗安装牢固、开闭灵活、锁扣完好，无锈蚀及损坏现象。

（3）防盗栅栏安装牢固，无锈蚀及损坏现象。

11.2.3 工作结束

（1）填写变电站安防设施（电子围栏、视频监控）维护作业卡。

（2）填写记录。在 PMS 系统填写安防设施检查维护记录，如图 11-12 所示。

图 11-12 安防设施检查维护记录

12 安防设施运行规定及维护方法

12.1 运行规定（《国家电网公司变电运维管理规定》国网〔运检 /3〕828—2017）

12.1.1 在大风、大雪、大雾等恶劣天气后，要对室外安防系统进行特巡，重点检查报警器等设备运行情况。

12.1.2 遇有特殊重要的保供电和节假日应增加安防系统的巡视次数。

12.1.3 巡视设备时应兼顾安全保卫设施的巡视检查。

12.1.4 应了解、熟悉变电站的安防系统的正常使用方法。

12.1.5 无人值守变电站防盗报警系统应设置成布防状态。

12.1.6 定期清理影响电子围栏正常工作的树障等异物。

12.2 维护方法

变电站安防设施常见问题及维护方法见表 12-1。

表 12-1 变电站安防设施常见问题及维护方法

序号	安防设施	检查内容	常见问题	维护方法
1	电子围栏	主机	主机故障，无法报警	专业人员处理
		围栏线	前端围栏断线、松弛、绞股	更换或重新连接
		标志	标志不齐全、不清晰	完善标志
		固定杆、绝缘子	终端杆、承力杆、中间过线杆、绝缘子损坏	更换部件
		信号	无法向调控中心传送报警信号	专业人员处理
		红外对射	主机故障	专业人员处理
			光路有遮挡物或干扰源	检查并清除遮挡物或干扰源
			发射器或接收器产生移位	重新调整发射器或接收器位置
			探头损坏	更换探头
2	视频监控系统	硬盘录像机（视频服务器）	通道无视频信号	专业人员处理
		通道控制功能	不能控制	专业人员处理
		网络	远程图像预览失效	专业人员处理
		摄像头	无视频信号、信号有干扰、图像模糊	专业人员处理
			缩放失效、云台控制失灵	专业人员处理
			抱箍、支架、螺栓松动脱落	紧固
			附件锈蚀	防腐处理
		键盘	键盘控制功能失灵	更换
		监视器	监视器黑屏、无视频信号	检查电源、VGA 等线缆连接，异常时更换线缆，必要时更换监视器

续表

序号	安防设施	检查内容	常见问题	维护方法
3	门禁系统	主机	主机故障	专业人员处理
		读卡器	损坏或丢失	更换
		电源回路	无电压	检查电源回路
		门	不能开、关门	检查门禁回路
4	实体防护	防盗门	门体损坏	维修或更换
			门锁损坏	更换
			门锈蚀	防腐处理
		防盗窗	窗体损坏	维修或更换
			窗安装不牢固	维修紧固
			窗锈蚀	防腐处理
		防盗栅栏	防盗栅栏损坏	维修或更换
			防盗栅栏锈蚀	防腐处理

第五部分
防汛器材、设施检查维护

13 防汛器材、设施概述

13.1 防汛器材、设施分类

变电站防汛器材有抽水泵、水袋（管）、沙袋、铁锹、洋镐、榔头、钢钎、雨衣、雨靴、电源盘、应急灯等防汛专用物资。

变电站防汛设施有雨水井、排水孔、排水槽、排水沟（管、渠）、落水口、落水管、泄洪沟等防汛设施。

13.2 防汛器材、设施的定义

发生汛情时用来抽水、排水、堵水和治理水灾所需的应急专用防汛工具、物资及固有的防汛设施。

13.3 防汛器材、设施图例

防汛器材、设施图例如图 13-1、图 13-2 所示。

图 13-1　防汛器材

图 13-2　防汛设施

14　防汛器材、设施检查维护作业

14.1　作业流程

防汛器材、设施检查维护作业流程如图 14-1 所示。

14.2　检查维护

14.2.1　工作准备

（1）填写作业卡。填写防汛器材、设施检查维护作业卡。

（2）材料准备。按工作需要准备万用表、组合工具、毛巾等工具及材料。

14.2.2　工作实施

14.2.2.1　防汛器材检查维护

（1）防汛物资齐备，与台账相符。

（2）防汛工具、物资检验不超周期，合格证齐全，外观完好。

（3）对抽水泵进行启、停试验，必要时对电机进行绝缘电阻测试。

（4）应急灯处于良好状态，电源充足，外观无破损。

14.2.2.2　防汛设施检查维护

（1）检查站内雨水井、事故油井、排水孔，站内外排水沟（管、渠）道完好、畅通，无异物堵塞。

（2）各建筑物屋顶防水层完好，无龟裂，排水口无异物堵塞，落水管固定

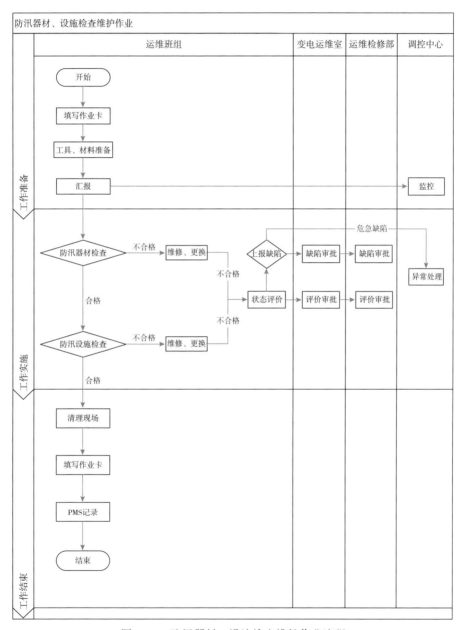

图 14-1　防汛器材、设施检查维护作业流程

牢固无破损、雨篷完好、无破损；建筑物地基无下沉塌陷，地基防水封堵完好。

（3）站内道路及设备区无积水、排水畅通、电气设备基础无下沉塌陷。

（4）变电站各处房屋无渗漏，门窗完好，关闭严密。

（5）电缆沟、事故油井、渗水井无积水、杂物，盖板完好、标识齐全。

（6）站内外所有沟道、围墙、护坡无开裂、坍塌、沉降、损坏，围墙排水孔护网完好，安装牢固。

14.2.3　工作结束

（1）清理现场。整理工器具及材料，清扫工作现场。

（2）填写作业卡。填写变电站防汛物资、设施检查及试验维护作业卡。

（3）填写记录。在 PMS 系统填写防汛器材、设施检查维护记录，如图 14-2 所示。

图 14-2　防汛器材、设施检查维护记录

15　防汛器材、设施运行规定及维护方法

15.1　运行规定（《国家电网公司变电运维管理规定》国网〔运检/3〕828—2017）

15.1.1　变电站应有完善的防汛预案和措施，定期组织防汛演练。

15.1.2　雨季来临前对可能积水的地下室、电缆沟、电缆隧道及场区的排水设施进行全面检查和疏通，做好防进水和排水措施；对防汛物资进行全面检查维护，确保防汛物资齐备、完好。

15.1.3　变电站各类建筑物为平顶结构时，定期对排水口进行清淤，雨季、大风天气前后增加特巡，以防淤泥、杂物堵塞排水管道。

15.1.4　定期对水泵进行切换试验，水泵工作应无异常声响或大的振动，轴承的润滑情况良好，电机无异味。

15.1.5　防汛物资的配置、数量、存放应符合要求。

15.2　维护方法

变电站防汛器材、设施常见问题及维护方法见表 15-1。

表 15-1　　　　　变电站防汛器材、设施常见问题及维护方法

序号	防汛器材、设施	检查内容	常见问题	维护方法
1	防汛器材	抽水泵	不启动	检查电源回路，若电源回路完好，则应由专业人员处理
			转速慢、噪声大、振动大、发热	专业人员处理
			检验超周期	送检
		水袋（管）	破损、漏水	更换
		应急灯	破损	更换
			电量不足	充电
		外观	防汛物资外观严重破损	更换
		数量	数量不足	补充
2	防汛设施	雨水井、事故油井、排水孔，站内外排水沟（管、渠）道	有异物堵塞	清除异物
		建筑物	防水层龟裂房屋漏水	上报缺陷，专业人员处理

续表

序号	防汛器材、设施	检查内容	常见问题	维护方法
2	防汛设施	建筑物	排水口异物堵塞	清除异物
			落水管破损	更换
			地基下沉、塌陷	上报缺陷，专业人员处理
		站内道路、设备区	有积水	清除积水
		设备区地基	下沉塌陷	上报缺陷，专业人员处理
		电缆沟、事故油井、渗水井	有积水、杂物	清除
		沟道、围墙、护坡	开裂、坍塌、沉降	上报缺陷，专业人员处理

16   防小动物设施概述

16.1   防小动物设施简介

变电站防小动物设施一般有防小动物挡板、粘鼠板、驱鼠器、驱鸟器等。

（1）防小动物挡板：安装于主控室、保护室、高压室、蓄电池室等设备室的下门框上，阻挡小动物进入室内的一种挡板。

（2）粘鼠板：利用粘鼠板上的特种不干胶粘鼠的方法来捕鼠的一种工具。

（3）驱鼠器：一种能够产生 20～55Hz 超声波的电子装置，该频段超声波能够有效刺激鼠类并使其感到威胁和不安，从而达到驱鼠的作用。

（4）驱鸟器：利用超声波、频闪等原理驱鸟的各种电子装置。

16.2   防小动物的意义

变电站防小动物的目的是为了防止小动物接近、接触电气设备造成接地、短路等事故，或为了防止小动物对线缆等造成破坏而发生次生事故。

16.3　防小动物设施图例

防小动物设施图例如图 16-1 所示。

通风口百页窗　　门框防鼠挡板　　粘鼠板

图 16-1　变电站常用防小动物设施

17　防小动物设施检查维护作业

17.1　作业流程

防小动物设施检查维护作业流程如图 17-1 所示。

17.2　检查维护

17.2.1　工作准备

（1）填写作业卡。填写变电站防小动物设施维护作业卡。

（2）材料准备。按工作需要准备粘鼠板、封堵泥、组合工具等工具及材料。

17.2.2　工作实施

（1）检查变电站各门窗关闭严密。

（2）检查主控室、保护室、高压室、蓄电池室等各室防鼠挡板完好，安装牢固、无缝隙，防绊脚标示完整，如图 17-2 所示。

（3）检查主控室、保护室、高压室、蓄电池室等各室捕鼠器、粘鼠板正常，饵料无霉变、粘胶未失效，捕鼠器试验正常，如图 17-3 所示。

（4）检查电缆沟盖板严密，防火墙完好，无缝隙、无垮塌。

（5）检查入室电缆沟、进站电缆沟处防小动物封堵严密、无损坏。

（6）检查端子箱、机构箱、汇控柜、保护屏、测控屏防小动物封堵严密、无损坏，如图 17-4 所示。

（7）检查高压室通风孔防护网、百叶窗封堵严密、无损坏，如图 17-5所示。

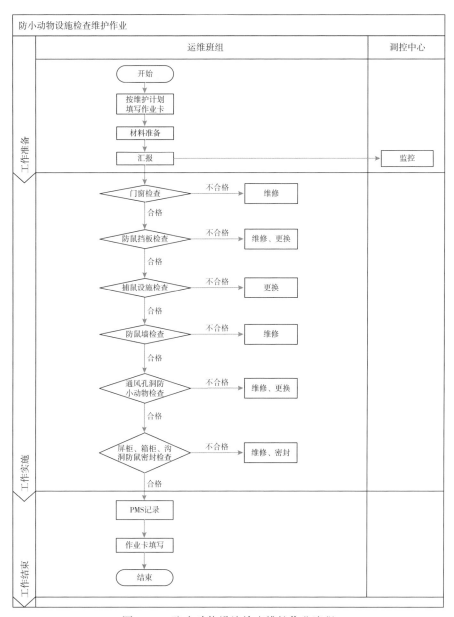

图 17-1　防小动物设施检查维护作业流程

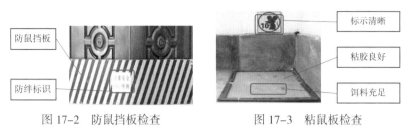

图 17-2　防鼠挡板检查　　　　　　图 17-3　粘鼠板检查

图 17-4　端子箱、机构箱、屏柜封堵检查

图 17-5　通风设施检查

（8）检查全站通风设施进出口、自然排水口金属网格是否完好。

17.2.3　工作结束

（1）填写作业卡。填写变电站防小动物设施维护作业卡。

（2）填写记录。在 PMS 系统填写防小动物检查维护记录，如图 17-6 所示

图 17-6　防小动物检查维护记录

18　防小动物设施运行
规定及维护方法

18.1　运行规定（《国家电网公司变电运维管理规定》国网〔运检 /3〕828—2017）

18.1.1　高压配电室（35kV 及以下电压等级高压配电室）、低压配电室、电缆层室、蓄电池室、通信机房、设备区保护小室等通风口处应有防鸟措施，出入门应有防鼠挡板，防鼠挡板高度不低于 40cm。

18.1.2　设备室、电缆夹层、电缆竖井、控制室、保护室等孔洞应严密封堵，各屏柜底部应用防火材料封严，电缆沟道盖板应完好严密。各开关柜、端子箱和机构箱应封堵严密。

18.1.3　各设备室不得存放食品，应放有捕鼠（驱鼠）器械（含电子式），并做好统一标识。

18.1.4　通风设施进出口、自然排水口应有金属网格等防止小动物进入措施。

18.1.5　变电站围墙、大门、设备围栏应完好，大门应随时关闭。各设备室的门窗应完好严密。

18.1.6　定期检查防小动物措施落实情况，发现问题及时处理并做好记录。

18.1.7　巡视时应注意检查有无小动物活动迹象，如有异常，应查明原因，采取措施。

18.1.8　因施工和工作需要将封堵的孔洞、入口、屏柜底打开时，应在工作结束时及时封堵。若施工工期较长，每日收工时施工人员应采取临时封堵措施。工作完成后应验收防小动物措施恢复情况。

18.1.9　变电站应根据鸟害实际情况安装防鸟害装置。

18.1.10　运维人员在巡视设备时应检查鸟害及防鸟害装置情况，发现异常应及时按照缺陷流程安排处理。

18.1.11　重点检查室外设备本体及构架上是否有鸟巢等，若发现有鸟巢位置较低或能够无风险清除应立即清除。位置较高无法清除或清除有危险者应上报本单位运维管理部门，清理前加强跟踪巡视。

18.2　维护方法

防小动物设施常见问题及维护方法见表 18-1。

表 18-1　　　　　　　　　防小动物设施常见问题及维护方法

序号	设施	检查内容	常见问题	维护方法
1	防小动物挡板	外观	损坏	更换挡板
			标识不齐全、不清晰	完善标识
		卡槽	损坏、卷边，挡板无法顺利插入、取出	修复、更换、毛刺挫平
		铆钉	铆钉掉落、断裂	补充铆钉并固定
2	粘鼠板	粘鼠板	出现破损	更换
			沾染灰尘	
			卷边，变形	
			粘性失效	
			表面有水分，受潮	
		防尘罩	防尘罩变形	对防尘罩进行整形处理
3	驱鼠器	工作指示灯	指示灯熄灭	检查电源回路或接触是否良好，必要时进行更换
		声音	声音异常	检查处理，必要时更换
4	防鼠墙	孔洞	封堵不严密，存在缝隙	封堵，整修
		墙壁	表面不平整，有裂纹	整修
5	驱鸟器	工作指示灯	指示灯熄灭	检查电池或接触是否良好，必要时进行更换
		声音	声音异常	检查，必要时更换

19　照明系统概述

19.1　照明系统分类

变电站照明系统分为正常照明系统和事故照明系统。

正常照明系统由站用电交流 220V 电源供电，主要供室内外设备区及生产办公、生活场所照明。

事故照明系统正常时由站用电交流 380（220）V 电源供电，当站用电因故失压时，切换装置自动切换至 UPS 不间断电源供电，此时，事故照明系统由直流电源供电；事故照明主要供控制室、二次设备室、配电室、主要楼梯、通道等场所照明。

19.2　照明系统维护的意义

通过定期对照明系统进行检查维护，发现并解决存在的问题，从而确保正常及事故情况下站内照明系统的正常工作，为生产办公及事故处理提供可靠的照明。

19.3　照明系统构成

照明系统主要由电源空开（开关）、灯具、线缆、接线盒、配电箱、切换装置等构成，如图 19-1 所示。

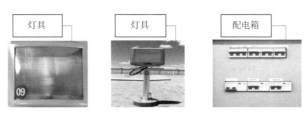

图 19-1　照明系统构成部分示意

20　照明系统维护作业

20.1　作业流程

照明系统维护作业流程如图 20-1 所示。

20.2　检查维护

20.2.1　工作准备

（1）填写作业卡。填写变电站室内、外照明系统维护作业卡。

（2）工具、材料准备。按工作需要准备万用表、梯子、组合工具、线手套、毛巾、毛刷等工具及材料。

（3）工具检查。检查万用表及梯子合格，万用表检查及步骤如图 20-2 所示。

（4）汇报调控中心。作业前，汇报调控中心监控班当天工作内容。

20.2.2　工作实施

20.2.2.1　正常照明系统检查维护

（1）配电箱检查。检查照明配电箱内空开接线牢固，无松动、短路、接地现象，各回路编号清晰正确，配电箱封堵严密。更换故障的线缆及空开。

（2）灯具、开关检查。依次合分照明灯具开关，检查灯具工作正常，开关操作灵活，无卡涩，室外照明开关防雨罩完好，无破损。更换损坏的照明灯具及开关。

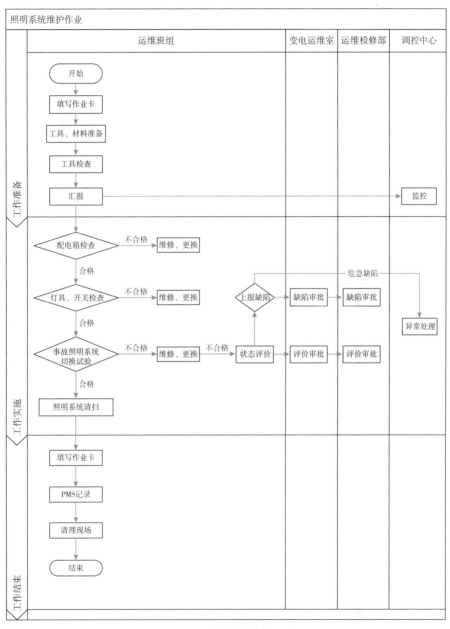

图 20-1 照明系统维护作业流程

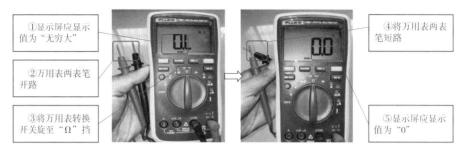

①显示屏应显示值为"无穷大"

②万用表两表笔开路

③将万用表转换开关旋至"Ω"挡

④将万用表两表笔短路

⑤显示屏应显示值为"0"

图 20-2 万用表检查及步骤

20.2.2.2 事故照明系统检查维护

（1）配电箱检查。检查照明配电箱内空开接线牢固，无松动、短路、接地现象，各回路编号清晰正确。更换故障的线缆及空气开关。

（2）灯具检查。依次合分照明灯具开关，检查灯具及开关工作正常，更换损坏的照明灯具及开关。

（3）事故照明切换试验。

1）检查事故照明不间断供电装置工作正常，如图 20-3 所示。

图 20-3 不间断电源（UPS）检查

2）断开切换装置交流输入开关，检查事故照明供电装置输出正常。

3）合上切换装置交流输入开关，检查装置自动切换至交流供电状态。

20.2.2.3 照明系统清扫

用干抹布、毛刷对照明配电箱、灯具、开关等设施进行清扫。

20.2.3 工作结束

（1）填写作业卡。填写变电站室内、外照明系统维护作业卡。

（2）填写记录。在 PMS 系统填写照明系统检查维护作业记录，如图 20-4

所示。

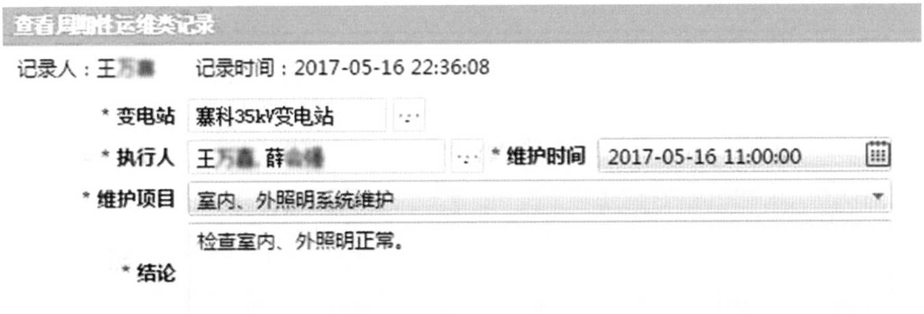

图 20-4　照明系统检查维护

20.2.4　维护注意事项

（1）照明系统维护时、使用的工具应包好绝缘，防止相间短路及接地。

（2）更换照明灯具、空气开关、线缆、开关时，应戴线手套，更换前先断开回路电源，测试无电压后再进行，更换后合上电源开关检查更换的元件工作正常。

（3）需要更换的故障元件应为同规格、同功率的备品。

（4）更换灯具需要登高作业时，使用的梯登应合格，作业前先固定好登高梯、凳，做好防滑措施，防止人员跌落。

（5）拆除灯具、照明箱接线时，做好标记，并进行绝缘包扎处理。

（6）更换室内外照明灯具时，应注意与高压设备保持足够的安全距离。

21　照明系统运行规定及维护方法

21.1　运行规定（《国家电网公司变电运维管理规定》国网〔运检 /3〕828—2017）

21.1.1　变电站室内工作及室外相关场所、地下变电站均应设置正常照明，应该保证足够的亮度，照明灯具的悬挂高度应不低于 2.5m，低于 2.5m 时应设保护罩。

21.1.2 室外灯具应防雨、防潮、安全可靠，设备间灯具应根据需要考虑防爆等特殊要求。

21.1.3 在控制室、保护室、开关室、GIS 室、电容器室、电抗器室、消弧线圈室、电缆室应设置事故应急照明，事故照明的数量不低于正常照明的 15%。

21.1.4 在电缆室、蓄电池室应使用防爆灯具，开关应设在门外。

21.1.5 定期对带有漏电保护功能的空气开关测试。

21.2 维护方法

照明设施常见问题及维护方法见表 21-1。

表 21-1 照明设施常见问题及维护方法

序号	设施	检查内容	常见问题	维护方法
1	灯具	外观	不亮，灯丝断线	更换
			破损	更换
		防护罩	破损	更换
			有灰尘	清擦
		启动器	故障	更换
2	开关	外观	破损	更换
			接触不良	
		标识	无标识或标识不清晰	完善标识
3	配电箱	线缆	绝缘破损或有烧焦现象	更换
		空开	发热、损坏或有烧焦变形现象	更换
		标识	各回路无标识或标识不清晰	完善标识
		外观	有灰尘	清擦
4	事故照明切换装置	切换试验	不切换	检查备用（工作）电源是否正常，否则应更换切换装置
		外观	破损	更换
		标识	无标识或标识不清晰	完善标识

22　采暖、通风、制冷、除湿
设施概述

22.1　采暖、通风、制冷、除湿设施分类

变电站采暖、通风、制冷、除湿设施按工作方式分为以下几类：

（1）采暖：主要有电暖、水暖和空调方式。电采暖利用电热原理制热，室内采暖设施一般有电热器、空调等；水暖利用热水管道循环散热制热，采暖设施有暖气片、管道等。

（2）通风：主要有自然通风和机械排风方式。自然通风以门窗对流通风为主，机械排风以多叶排烟口配置轴流风机排风。

（3）制冷：主要有空调制冷方式。

（4）除湿：主要有除湿机和空调除湿方式。

22.2　采暖、通风、制冷、除湿设施维护的意义

通过定期维护采暖、通风、制冷、除湿设施，确保各类设施能够正常工作，为变电站生产生活及设备的可靠运行提供良好的工作环境。

22.3 采暖、通风、制冷、除湿设施图例

采暖、通风、制冷、除湿设施图例如图 22-1 所示。

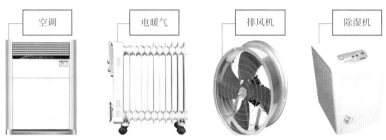

图 22-1 变电站常用采暖、通风、制冷、防湿设施

23 采暖、通风、制冷、除湿设施 检查维护作业

23.1 作业流程

采暖、通风、制冷、除湿设施检查维护作业流程如图 23-1 所示。

23.2 检查维护

23.2.1 工作准备

（1）填写作业卡。填写采暖、通风、制冷、除湿设施检查维护作业卡。

（2）材料准备。按工作需要准备组合工具、万用表、毛巾、毛刷等工具及材料。

23.2.2 工作实施

23.2.2.1 采暖设施检查维护

（1）水暖暖器片洁净完好，无破损，输暖管道完好，无堵塞、漏水，阀门正常开启无漏水。

（2）电暖器工作正常，无过热、异味、断线，接线及插座、开关无过热及异味。

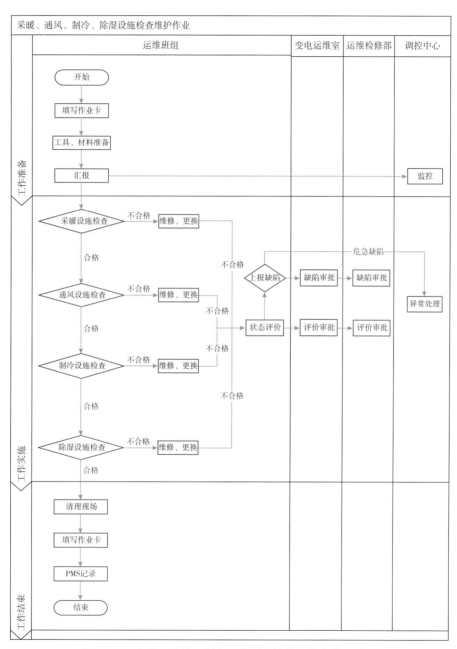

图 23-1 采暖、通风、制冷、除湿设施检查维护作业流程

（3）空调。

1）室内、外机外观完好，无锈蚀、损伤；无结露或结霜。

2）空调运转平稳、无异常振动声响；冷凝水排放畅通。

3）温度按运行要求设定合格；管道穿墙处封堵严密，无雨水渗入。

4）空气过滤器（网）和空气热交换器翅片应清洁、完好。

5）控制箱、接线盒、管道、支架等安装牢固，外表无损伤、锈蚀。

6）室内、外机安装应牢固、可靠，固定螺栓拧紧，并有防松动措施。

23.2.2.2 通风设施检查维护

（1）通风口防小动物措施完善，通风管道、夹层无破损，隧道、通风口通畅，排风扇扇叶中无鸟窝或杂物等异物，如图 23-2 所示。

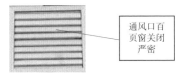

图 23-2 防小动物通风口检查

（2）风机外观完好，无锈蚀、损伤；外壳接地良好；标识清晰。

（3）风机电源、控制回路完好，各元器件无异常；风机启动正常，运转平稳，无异常声响；排风扇扇叶开启正常无损坏。

（4）风机安装牢固，无破损、锈蚀，叶片无裂纹、断裂，无擦刮。

23.2.2.3 制冷设施检查维护

空调检查维护同 23.2.2.1 空调检查维护项目。

23.2.2.4 除湿设施检查维护

（1）除湿机。

1）除湿机运转平稳、无异常振动声响。

2）电源接线、插座、开关正常，无过热损坏现象。

3）清除储水盒存水。

（2）空调。空调检查维护同 23.2.2.1 空调检查维护项目。

23.2.3 工作结束

（1）清理现场。整理工器具及材料，清扫工作现场。

（2）填写作业卡。填写采暖、通风、制冷、除湿设施检查维护作业卡。

（3）填写记录。在 PMS 系统填写采暖、通风、制冷、除湿设施检查记录，如图 23-3 所示。

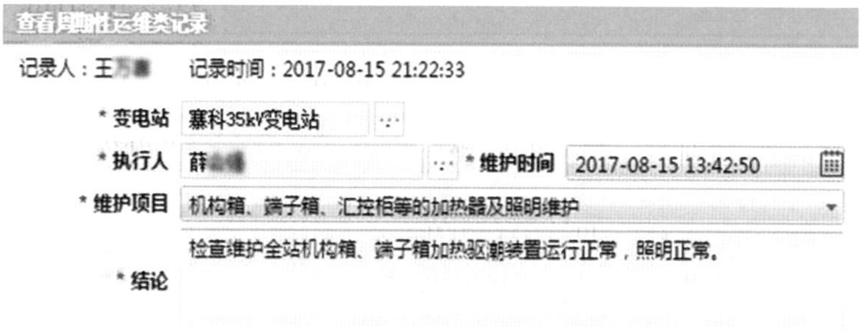

图 23-3　除湿加热装置检查记录

24　采暖、通风、制冷、除湿设施运行规定及维护方法

24.1　运行规定（《国家电网公司变电运维管理规定》国网〔运检 /3〕828—2017）

24.1.1　采暖、通风、制冷、除湿设施参数设置应满足设备对运行环境的要求。

24.1.2　根据季节天气的特点，调整采暖、通风、制冷、除湿设施运行方式。

24.1.3　定期检查采暖、通风、制冷、除湿设施是否正常。

24.1.4　进入 SF_6 设备室，入口处若无 SF_6 气体含量显示器，应手动开启风机，强制通风 15min。

24.1.5　蓄电池室采用的采暖、通风、制冷、除湿设备的电源开关、插座应设在室外。

24.1.6　蓄电池室空调应为防爆空调。

24.1.7　室内设备着火，在未熄灭前严禁开启通风设施。

24.1.8　二次设备室、保护室环境温度应在 5～30℃范围内，月最大相对湿度不应超过 75%，夏季空调原则设定为 25℃，严禁室温超过 30℃；蓄电池室温经常保持 5～35℃，一般宜保持室温（20±2）℃。

24.2　维护方法

变电站采暖、通风、制冷、除湿设施常见问题及维护方法见表24-1。

表 24-1　变电站采暖、通风、制冷、除湿设施常见问题及维护方法

序号	设施	检查内容	常见问题	维护方法
1	采暖	水暖	暖气片破损漏水	更换
			管道法兰漏水	维修
			暖气片不热	排气通水
		电暖	接线、开关、插座过热损坏，有异味	更换
			不热	检查电源回路及加热器
		空调	不启动	检查电源回路及温度设定，否则由专业人员处理
			异常振动声响	检查空调底座安装平稳，否则由专业人员处理
			结露	调整（增大）送风量
			结霜	手动除霜；否则由专业人员处理
			冷凝水排放不畅	疏通排水管；否则由专业人员处理
			室内、外机及附件安装不牢固	紧固
			接线、开关、插座过热损坏，有异味	更换
			滤网脏污	定期由专业人员清洗
2	通风	风机	强烈振动、碰擦声、失速或喘振现象	检查并清除异物，坚固螺栓；否则由专业人员处理
			不启动	检查电源回路及启动器，否则由专业人员处理
		排风扇	排风扇扇片不开启或损坏	更换
3	制冷	空调	问题同采暖空调	处理方法同采暖空调
4	除湿	空调	问题同采暖空调	处理方法同采暖空调
		除湿机	不启动	检查电源回路及清除储水盒存水；否则由专业人员处理
			接线、开关、插座过热损坏，有异味	更换

25　二次设备概述

25.1　二次设备分类

二次设备按照功能可分为测量装置（仪表）、保护装置、信号装置、安全自动装置、自动化设备及组成各装置回路中的熔断器（空开）、压板、控制开关、控制电缆等。

25.2　二次设备简介

二次设备是指对一次设备进行监测、控制、调节、保护，以及为运行、维护人员提供运行工况或生产指挥信号所需要的低压电气设备。

25.3　二次设备图例

二次设备图例如图 25-1 所示。

图 25-1　变电站二次设备

26　二次设备清扫维护作业

26.1　作业流程

二次设备清扫维护作业流程如图 26-1 所示。

26.2　检查维护

26.2.1　工作准备

（1）办理工作票。按工作计划办理变电站第二种工作票。

（2）填写作业卡。填写变电站二次设备清扫维护作业卡。

（3）工具、材料准备。按工作需要准备毛刷、纯棉毛巾、吹风机、电源盘、线手套等工具及材料。

（4）工作许可。根据工作票内容进行工作许可。

（5）人员分工。在工作许可完成后，工作负责人按照工作内容进行任务分工，工作人员按照分工内容完成工作任务。

（6）汇报调控中心。工作前，汇报调控中心监控班当天工作内容。

26.2.2　工作实施

二次设备清扫如图 26-2 所示。

（1）室外端子箱、机构箱二次设备清扫。

（2）开关柜端子排二次设备清扫。

（3）开关柜二次设备清扫。

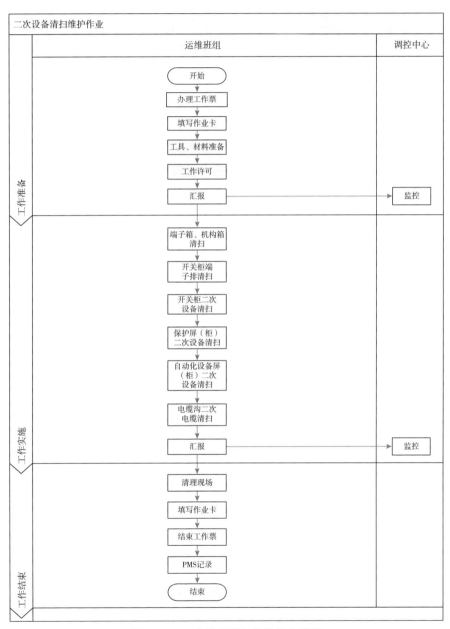

图 26-1　二次设备清扫维护作业流程

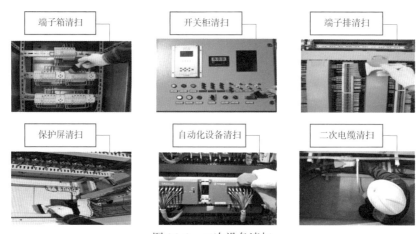

图 26-2　二次设备清扫

（4）保护屏（柜）二次设备清扫。

（5）自动化设备屏（柜）二次设备清扫。

（6）电缆沟二次电缆清扫。

26.2.3　工作结束

（1）清理现场。整理工器具及材料，清扫工作现场。

（2）结束工作票。待工作人员全部撤离工作现场后，工作负责人和工作许可人办理工作终结手续。

（3）填写作业卡。填写变电站二次设备清扫维护作业卡。

（4）填写记录。在 PMS 系统填写二次设备清扫记录，如图 26-3 所示。

图 26-3　二次设备清扫记录

26.2.4　注意事项

（1）工作中与带电部分保持足够的安全距离。

（2）清扫工具的金属裸露部分应包好绝缘，清扫用毛巾、毛刷等工具应干燥。

（3）作业时应穿全棉长袖工作服、戴线手套。

（4）工作中防止误碰二次设备引起设备误动。

（5）工作中防止交直流短路、接地。

（6）工作中防止交流电压二次回路短路、电流二次回路开路。

（7）在进行二次设备清扫工作时，严禁操作设备。

（8）清扫二次设备时，应轻擦、轻抹、轻刷，不得用力擦拭或抽打。

（9）电缆沟二次电缆清扫时，开启电缆盖板应注意所立位置，防止盖板伤人。

（10）电缆沟二次电缆清扫时，严禁踩踏二次电缆。

27 驱潮加热装置、剩余电流
动作保护器概述

27.1 驱潮加热装置、剩余电流动作保护器的作用

驱潮加热装置安装于变电站端子箱、机构箱、汇控柜、一（二）次设备屏（柜）内，运行时可防止箱、屏、柜内凝露而导致的二次设备绝缘水平降低及内部构件锈蚀，起加热除湿的作用。

剩余电流动作保护器安装于变电站配电箱、检修电源箱及生产、生活区等站用低压交流电源回路，具有漏电流检测和判断功能，即当主回路发生漏电或绝缘破坏时，剩余电流动作保护器可根据检测的剩余电流值判断并动作，断开主回路电源，从而保护人身和设备的安全。

27.2 驱潮加热装置、剩余电流动作保护器维护的意义

通过定期对驱潮加热装置进行检查维护，确保驱潮加热装置的正常运行，从而防止由于箱、屏、柜内凝露造成的一、二次设备绝缘水平降低或短路事故的发生。

剩余电流动作保护器的检查试验，确保剩余电流动作保护器在非正常情况下能够正确动作，防止人身触电事故。

27.3　驱潮加热装置、剩余电流动作保护器构成

驱潮加热装置由电源空开、线缆、温湿度控制器、加热器构成，如图27-1所示。

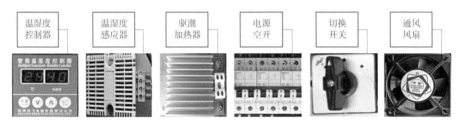

| 温湿度控制器 | 温湿度感应器 | 驱潮加热器 | 电源空开 | 切换开关 | 通风风扇 |

图27-1　驱潮加热装置的构成

剩余电流动作保护器回路由电源空开、线缆、剩余电流动作保护器、负荷元件构成。剩余电流动作保护器如图27-2所示。

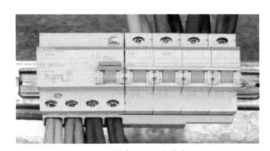

图27-2　剩余电流动作保护器

28　驱潮加热装置、剩余电流动作保护器维护作业

28.1　作业流程

驱潮加热装置、剩余电流动作保护器维护作业流程如图28-1所示。

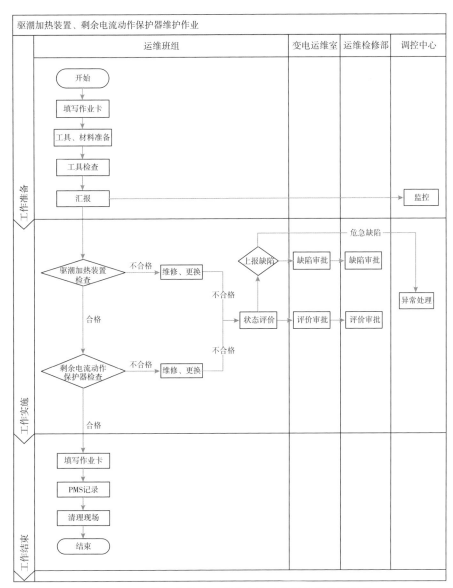

图 28-1　驱潮加热装置、剩余电流动作保护器维护流程

28.2　检查维护

28.2.1　工作准备

（1）填写作业卡。按要求填写驱潮加热装置、剩余电流动作保护器检查维护作业卡。

（2）工具、材料准备。根据工作需要准备万用表、组合工具、线手套、毛巾、标签机、防火堵泥等工具及材料。

（3）工具检查。检查万用表合格，检查方法同 20.2.1。

（4）汇报调控中心。作业前，汇报调控中心监控班当天工作内容。

28.2.2 工作实施

28.2.2.1 驱潮加热装置检查维护

（1）检查温、湿度控制器外观正常，电源指示、温湿度显示正常，如图 28-2 所示。

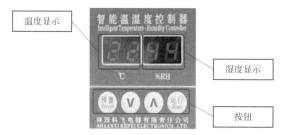

图 28-2 温、湿度控制器检查

（2）检查温控器启动、停止，上下限值设置正确。带有方式开关的回路，应在"自动"位置，如图 28-3 所示。

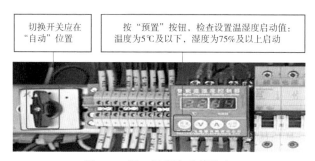

图 28-3 温、湿度启动值检查

（3）检查加热器周围二次电缆有无烧伤，是否影响二次电缆运行，如图 28-4 所示。

（4）检查电源空气开关、二次线缆是否有烧伤损坏现象。

（5）检查电缆孔洞封堵严密，冷凝型驱潮装置排水通道无堵塞。

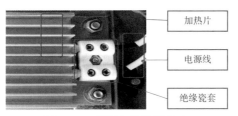

图 28-4 驱潮加热装置检查

（6）检查箱、柜、屏内无凝露、积水现象，温度正常。

28.2.2.2 剩余电流动作保护器检查维护

（1）检查剩余电流动作保护器接线牢固，无松动、短路、接地现象。

（2）按下剩余电流动作保护器上漏电保护按钮，检查漏电保护空气开关是否已断开，如图 28-5 所示。

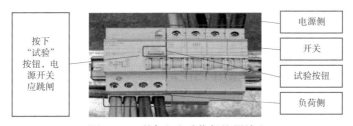

图 28-5 剩余电流动作保护器检查

（3）合上漏电保护空气开关，检查所带负荷正常，无发热现象。

（4）检查剩余电流动作保护器安装牢固、标示齐全。

28.2.3 工作结束

（1）填写作业卡。填写变电站机构箱加热器及照明维护作业卡，变电站剩余电流动作保护器检查维护作业卡。

（2）填写记录。在 PMS 系统填写驱潮加热装置、剩余电流动作保护器检查维护记录。驱潮加热装置检查维护记录如图 28-6 所示。

剩余电流动作保护器检查记录如图 28-7 所示。

28.2.4 维护注意事项

（1）根据环境变化检查驱潮加热装置是否自动投切，判断装置工作是否正常。

（2）维护时做好与运行回路的隔离措施，断开驱潮加热回路电源。

图 28-6　驱潮加热装置检查记录

图 28-7　剩余电流动作保护器检查记录

（3）检查加热器工作状况时，工作人员不宜用皮肤直接接触加热器表面，以免造成烫伤。

（4）工作结束逐一紧固驱潮加热回路内二次线接头，防止松动断线。

（5）防止交直流回路接地短路，严防误跳运行设备。

（6）解拆二次线应做好相关标识和记录，裸露的线头应立即单独绝缘包扎。

（7）剩余电流动作保护器试验前应关闭电脑等电器。

29　驱潮加热装置、剩余电流动作保护器运行规定及维护方法

29.1　运行规定（《国家电网公司变电运维管理规定》国网〔运检/3〕828—2017）

29.1.1　端子箱内应加装驱潮加热装置，装置应设置为自动或常投状态，驱潮加热装置电源应单独设置，可手动投退。

29.1.2　温、湿度传感器应安装于箱内中上部，发热元器件悬空安装于箱内底部，与箱内导线及元器件保持足够的距离。

29.1.3　驱潮加热装置应设独立的电源开关，空气开关采用双极开关。

29.1.4　温、湿度控制器设置符合相关标准、规范或厂家说明书的要求。

29.1.5　发热元器件应使用有瓷管护套的裸导线或耐热导线，金属发热元器件应有防止烫伤的措施。

29.1.6　冷凝型驱潮装置排水管无堵塞。

29.2　维护方法

驱潮加热装置、剩余电流动作保护器常见问题及维护方法见表 29-1。

表 29-1　驱潮加热装置、剩余电流动作保护器常见问题及维护方法

序号	设施	检查内容	常见问题	维护方法
1	驱潮加热装置	温、湿度控制器	电源指示灯灭	检查电源回路，若电源回路完好，必要时更换控制器
			工作指示灯灭	检查控制器运行方式（自动/手动）
			参数设置不正确	设置参数
		二次线缆	烧伤	更换
		空开	烧伤、损坏	更换
		箱、屏、柜	有凝露、积水、密封不严	清擦、晾晒、封堵
		标识	不齐全	完善标识
2	剩余电流动作保护器	保安器脱扣试验	不动作	更换
		二次线缆	烧伤	更换
		空气开关	烧伤、损坏	更换
		标识	不齐全	完善标识

30　避雷器在线监测装置概述

30.1　在线监测装置简介

用于监测运行中的避雷器泄漏电流和记载雷击放电次数。避雷器泄漏电流值的大小直接反映避雷器性能的好坏。

在正常电压下，流过计数器泄漏电流非常小，计数器不动作。当避雷器通过雷电波、操作波、工频过电压时，强大的工作电流从计数器的非线性电阻通过，经过直流变换，对电磁线圈放电而使计数器吸动一次，来实现测量避雷器动作次数的装置。

计数器作用：记录避雷器过电压下累计动作次数。

毫安表作用：指示运行电压下通过避雷器的泄漏电流有效值。

30.2　在线监测装置图例

在线监测装置图例如图 30-1 所示。

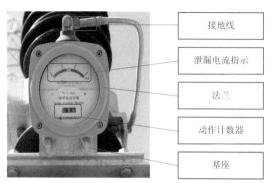

图 30-1　避雷器在线监测装置

31　避雷器在线监测装置检查作业

31.1　作业流程

避雷器在线监测装置检查作业流程如图 31-1 所示。

31.2　检查维护

31.2.1　工作准备

（1）填写作业卡。按要求填写变电站避雷器在线监测装置检查作业卡。

（2）工具准备。按工作需要准备检查用望远镜。

31.2.2　工作实施

（1）检查避雷器与监测装置连接是否可靠，中间是否有短接，绝缘底座及接地是否良好、牢靠。

（2）检查避雷器在线监测装置是否正常，外壳是否有裂纹或破损现象，内部有无结露、水珠及积水现象。

（3）记录避雷器动作次数。

（4）记录避雷器泄漏电流值，带有污秽监测表的在线监测装置正常时污秽监测表应在绿色指示区域内，若在黄色范围内说明出现污秽警告，到达红色范围内说明污秽严重应及时清扫，如图 31-2 所示。

（5）对数据进行分析，与历次数据及初始值对比，确认避雷器是否动作，泄漏电流是否正常。若阻性电流（在线监测装置一般监测的是阻性电流）增大 0.3 倍时，应加强监测；增加 1 倍时，应停电检查。

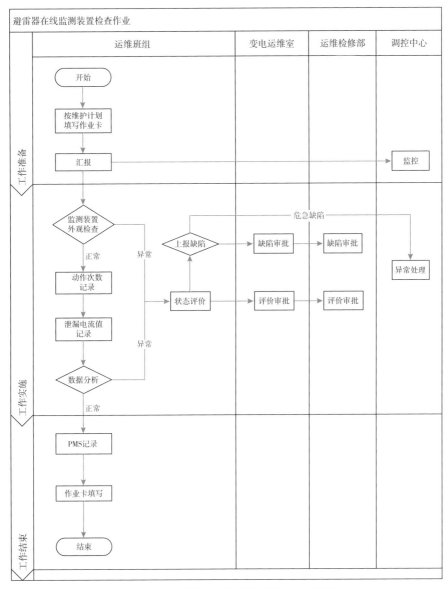

图 31-1　避雷器在线监测装置检查作业流程

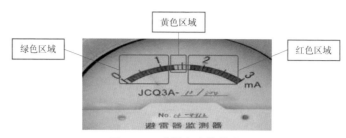

图 31-2　泄漏电流值检查

避雷器泄漏电流数据分析判断方法主要有三类：

1）纵向比较。同一产品，在相同的环境条件下，阻性电流与上次或初始值比较应 ≤ 30%，全电流与上次或初始值比较应 ≤ 20%。当阻性电流增加 0.3 倍时应缩短试验周期并加强监测，增加 1 倍时应停电检查。

2）横向比较。同一厂家、同一批次的产品，避雷器各参数应大致相同，彼此应无显著差异。如果全电流或阻性电流差值超过 70%，即使参数不超标，避雷器也有可能异常。

3）综合分析法。当怀疑避雷器泄漏电流存在异常时，应排除各种因素的干扰，结合红外精确测温、高频局放测试结果进行综合分析判断，必要时应开展停电诊断试验。

31.2.3　工作结束

（1）填写作业卡。填写变电站避雷器在线监测装置检查作业卡。

（2）填写记录。在 PMS 系统填写在线监测装置检查记录，如图 31-3 所示。

图 31-3　在线监测装置检查记录

32 避雷器在线监测装置
运行规定及维护方法

32.1 运行规定(《国家电网公司变电运维管理规定》国网〔运检 /3〕828—2017)

32.1.1 110kV 及以上电压等级避雷器应安装泄漏电流监测装置。

32.1.2 安装了监测装置的避雷器,在投入运行时,应记录泄漏电流值和动作次数,作为原始数据记录。

32.1.3 避雷器应全年投入运行,严格遵守避雷器交流泄漏电流测试周期,雷雨季节前测量一次,测试数据应包括全电流及阻性电流,合格后方可继续运行。

32.1.4 当避雷器泄漏电流指示异常时,应及时查明原因,必要时缩短巡视周期。

32.2 维护方法

避雷器在线监测装置常见问题及维护方法见表 32-1。

表 32-1 避雷器在线监测装置常见问题及维护方法

序号	在线监测装置	检查内容	常见问题	维护方法
1	接地引下线	锈蚀情况	锈蚀	防腐处理
		接地情况	接触不良,接地引下线断裂	接触不良时紧固接地螺栓,引线断裂时更换接地引下线
2	泄漏电流表	数值指示	超出正常范围	检查本体外绝缘积污程度,是否有破损、裂纹,内部有无异常声响,并进行红外检测,根据检查及检测结果,综合分析异常原因
			正常天气情况下,泄漏电流读数超过初始值 1.2 倍	为严重缺陷,应登记缺陷并按缺陷流程处理

续表

序号	在线监测装置	检查内容	常见问题	维护方法
2	泄漏电流表	数值指示	正常天气情况下，泄漏电流读数超过初始值 1.4 倍	为危急缺陷，应汇报值班调控人员申请停运处理
			泄漏电流读数低于初始值	检查避雷器与监测装置连接是否可靠，中间是否有短接，绝缘底座及接地是否良好、牢靠，必要时通知检修人员对其进行接地导通试验，判断接地电阻是否合格
			运行中的避雷器泄漏电流读数为零	可能是泄漏电流表指针失灵，在确保安全的情况下，可用手轻拍监测装置检查泄漏电流表指针是否卡死，如无法恢复时，为严重缺陷，应登记缺陷并按缺陷流程处理
		表盘玻璃	破裂，有凝露、雾化、内有积水，表盘密封不严	更换装置
		基座	锈蚀	防腐处理

33　接地装置概述

33.1　接地装置简介

接地装置包括接地线和接地体，一般把电气设备的接地端子与接地体连接用的金属导电部分称为接地线，埋入地中并直接与大地接触的金属导体，称为接地体。

变电站接地装置是确保人身、电网、设备安全的主要保护措施之一，它的主要作用有以下几个方面：

（1）工作接地：因运行需要而将电力系统中的某一点（通常是中性点）直接（如变压器中性点直接接地）或经消弧线圈、电抗、电阻等与地作金属连接，以保证在电网正常和事故情况下的可靠工作和安全运行，其适应范围较广，它要求的阻值为 $0.5 \sim 10\Omega$。

（2）保护接地：即将电气设备的金属外壳、配电装置的构架等与接地体相连，以防人身因电气设备导电部分绝缘损坏而发生触电，是为人身和设备安全而设的接地，它要求的阻值不大于 4Ω。

（3）过电压保护接地，也叫防雷接地，是为过电压保护装置（如避雷针、避雷器、避雷线等）向大地泄放雷电流而设的接地，它要求的阻值为 1～30Ω。

（4）防静电接地，在保护室（主控室）四周墙壁内加装钢板网，并与地网相连，即对保护室（主控室）进行屏蔽处理，防止微机保护及二次设备抗静电能力差引起的保护误动。

33.2 接地装置维护的意义

定期对接地螺栓和接地标志进行维护，发现和处理接地装置中螺栓松动、焊接不牢固、锈蚀、接地标志不清晰或损坏等影响接地装置工作性能的隐患，确保全站接地装置的可靠、安全运行。

33.3 接地系统图例

接地系统图例如图 33-1 所示。

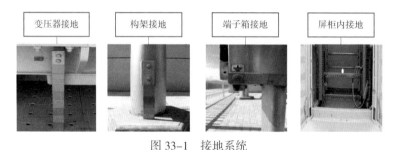

图 33-1 接地系统

34 接地装置维护作业

34.1 作业流程

接地装置维护作业流程，如图 34-1 所示。

34.2 检查维护

34.2.1 工作准备

（1）填写作业卡。填写变电站接地螺栓及接地标志维护作业卡。

（2）工具、材料准备。按工作需要准备防腐漆、相色漆、钢刷、砂纸、毛刷、线手套等。

（3）汇报调控中心。工作前，汇报调控中心监控班当天工作内容。

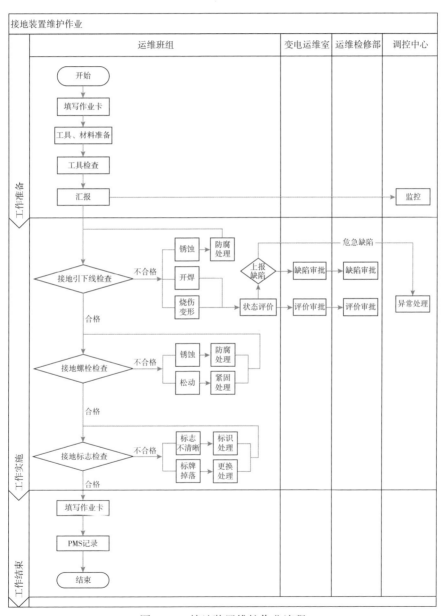

图 34-1　接地装置维护作业流程

34.2.2　工作实施

34.2.2.1　检查

（1）检查接地引下线外观无锈蚀、变形、焊接牢固、接地良好，标示清晰，如图 34-2 所示。

图 34-2　接地引下线检查

（2）检查接地螺栓无松动、锈蚀，接地良好，如图 34-3 所示。

图 34-3　接地螺栓检查

（3）检查接地标示牌完好、无遗失、掉落，如图 34-4 所示。

图 34-4　接地标示牌检查

34.2.2.2　维护

（1）接地引下线锈蚀处理。处理时先用钢刷或砂纸对锈蚀部分进行打磨，再用毛刷将打磨部分刷干净，使被涂物件的表面干净，金属面表层无湿气，将防腐漆涂刷至干净部位，涂刷均匀，待接地体表面防腐漆完全晾干后，均匀涂刷面漆，按照国网接地标识规定涂刷色标漆，如图 34-5 所示。

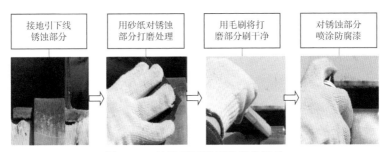

图 34-5 接地引下线锈蚀部分维护

（2）接地螺栓松动处理。紧固松弛的各类接地螺栓，保证其良好的接地。

（3）接地标志不清晰处理。对掉落、遗失的接地标示牌进行粘贴处理。

34.2.3 工作结束

（1）填写作业卡。填写变电站接地螺栓及接地标志维护作业卡。

（2）填写记录。在 PMS 系统填写接地装置维护记录，如图 34-6 所示。

图 34-6 接地装置维护记录

34.2.4 注意事项

（1）接地螺栓及接地标志维护应在电网系统无异常接地的情况下进行，严禁在电网系统异常接地的情况下进行接地装置维护。

（2）雷雨天气时，禁止进行接地装置维护。

（3）接地装置维护时需要断开该回路接地时，应先建立有效的旁路接地后再进行。

（4）接地装置维护时应与带电设备保持足够的安全距离。

35 接地装置运行规定及维护方法

35.1 运行规定（《国家电网公司变电运维管理规定》国网〔运检/3〕828—2017）

35.1.1 变压器中性点应有两根与主地网不同干线连接的接地引下线，重要设备及设备架构等宜有两根与主地网不同干线连接的接地引下线。

35.1.2 主设备及设备构架接地引下线均应符合热稳定校核及机械强度的要求。接地引下线应便于定期进行检查测试，连接良好，且截面符合要求。

35.1.3 螺栓连接接地体应有可靠的防松动措施，避雷针接地体应采用焊接连接。

35.1.4 接地电阻不符合规定要求者，巡视设备时，应穿绝缘靴，并及时通知现场作业人员。

35.1.5 设备接地回路上有工作需断开时，需先建立可靠的旁路接地后方可执行。

35.1.6 禁止在有雷电时进行接地导通、接地电阻检测工作。

35.1.7 独立避雷针导通电阻大于 $500\text{m}\Omega$ 时应进行校核测试。其他部分导通电阻大于 $50\text{m}\Omega$ 时应进行校核测试，应不大于 $200\text{m}\Omega$ 且初值差不大于 50%。

35.1.8 根据历次接地引下线导通、接地电阻测试结果，分析接地装置腐蚀程度，按要求对接地网进行开挖检查。

35.1.9 变电站有土建施工及其他作业时，应防止外力破坏接地网。

35.1.10 变电站的接地网不得作为电焊机地线使用。

35.2 维护方法

接地装置常见问题及维护方法见表 35-1。

表 35-1   接地装置常见问题及维护方法

序号	接地装置	检查内容	常见问题	维护方法
1	引下线	锈蚀情况	锈蚀	防腐处理
		螺栓及压接件	松脱、位移	紧固或加防松垫片处理
			锈蚀	防腐处理
		焊接点	烧伤、开裂	专业人员焊接或更换处理
			锈蚀	防腐处理
2	接地标志	外观	色标脱落、变色、不清晰	更换处理
		锈蚀情况	锈蚀	防腐处理
		接地标示牌	掉落、遗失	更换处理

36 高压带电显示装置概述

36.1 高压带电显示装置简介

高压带电显示装置是将高压带电体带电与否的信号传递到发光或音响元件上，显示或同时闭锁高压开关设备的装置。

高压带电显示装置包括传感器和显示器两个部分。传感器可以与各种类型高压开关柜、隔离开关、接地开关等配套使用；显示器分为提示性显示器和强制性显示器，前者用于提示高压带电设备的带电状况，起防误与安全的提示作用，后者除具有提示性显示器功能外，还可与电磁锁等防误锁具配合使用用于强制闭锁开关柜操作手柄及网门等，达到防止带电合接地刀闸，防止误入带电间隔，提高开关设备防误性能。

36.2 高压带电显示装置检查维护的意义

对运行中的高压带电显示装置进行核对性检查，以确保其在工作状态时的信号显示与高压设备实际状态相符，以方便运维或修试人员了解高压设备实时状态信息，防止因高压带电显示装置故障造成信号显示不准确，或失去闭锁功能而造成误入带电间隔，误合接地刀闸等事故。

36.3 高压带电显示装置图例

高压带电显示装置图例如图 36-1 所示。

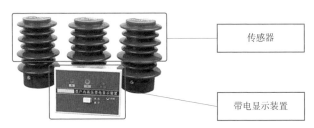

图 36-1 高压带电显示装置

图 36-1 中，传感器为感应式，它是利用高压电场与传感器之间的电场耦合原理，在安全距离之外进行非接触式检测。装置一般采用分相控制，任何一相带电即显示器指示灯常亮，或输出强制闭锁信号。当被测设备带电时，显示器"电源"指示灯亮，"A、B、C"三相指示灯亮，"操作"指示灯熄灭，且输出强制闭锁信号。当被测设备不带电时，显示器"电源"指示灯亮，"A、B、C"三相指示灯熄灭，"操作"指示灯亮，同时解除闭锁信号，便可进行设备操作。

37 高压带电显示装置检查维护作业

37.1 作业流程

高压带电显示装置检查维护作业流程如图 37-1 所示。

37.2 检查

37.2.1 工作准备

（1）填写作业卡。填写变电站高压带电显示装置检查维护作业卡。

（2）工具、材料准备。按工作需要准备万用表、线手套等。

（3）仪器检查。检查万用表合格，检查方法同 20.2.1。

（4）汇报调控中心。工作前，汇报调控中心监控班当天工作内容。

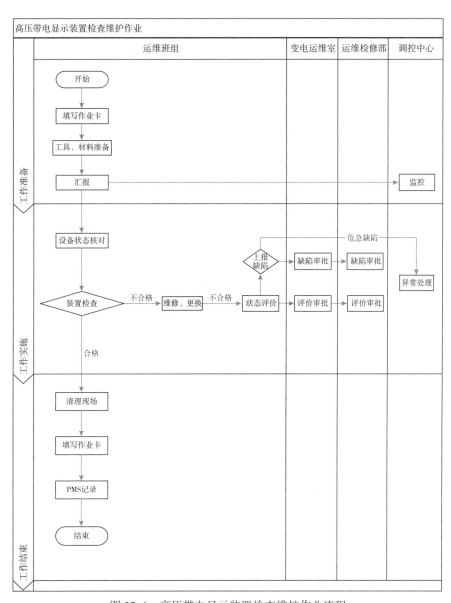

图 37-1　高压带电显示装置检查维护作业流程

37.2.2 工作实施（以户内小车开关柜 PG-CK1000-A 型高压带电显示装置为例说明）

（1）检查确认相应间隔高压设备实际状态，如图 37-2 所示。

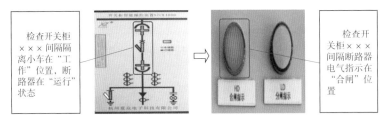

图 37-2　间隔设备状态检查

（2）检查高压带电显示装置电源指示灯亮，工作正常。

（3）检查高压带电显示装置各相指示灯指示与高压设备实际状态相符（带电或不带电），如图 37-3 所示。

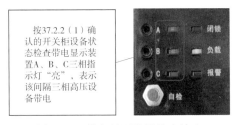

图 37-3　带电显示装置状态检查

（4）按下带电显示装置"自检"按钮（开关），装置自检正常，如图 37-4 所示。

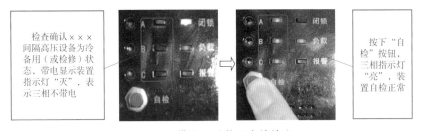

图 37-4　带电显示装置自检检查

（5）恢复带电显示装置工作状态。

37.2.3　工作结束

（1）填写作业卡。填写变电站高压带电显示装置检查维护作业卡。

（2）填写记录。在 PMS 系统填写高压带电显示装置检查维护记录，如图 37-5 所示。

图 37-5　高压带电显示装置检查维护记录

37.2.4　注意事项

（1）工作中与带电部分保持足够的安全距离。

（2）维修更换装置时应断开装置工作电源，使用绝缘工具。

（3）高压带电显示装置更换显示单元或显示灯前，应断开装置电源，并检测确无工作电压。

（4）接触高压带电显示装置显示单元前，应检查感应器及二次回路正常，无接近、触碰高压设备或引线的情况。

（5）如需拆、接二次线，应逐个记录拆卸二次线编号、位置，并做好拆解二次线的绝缘。

（6）高压带电显示装置维护后，应检查装置运行正常，显示正确。

（7）高压带电显示装置维修或更换时应按规定办理工作票。

38　高压带电显示装置运行
规定及维护方法

38.1　运行规定（《国家电网公司变电运维管理规定》国网〔运检 /3〕828—2017）

38.1.1　高压带电显示装置应定期检查维护，确保其功能完好，指示正常。

38.1.2 正常时，高压带电显示装置指示应与高压设备运行方式相符。否则，应检查原因及时处理。

38.1.3 在进行开关柜停电操作时，停电前应首先检查带电显示装置指示正常，证明其完好性。

38.1.4 开关柜高压带电显示装置应保证其与柜门间强制闭锁的运行可靠性。带电显示装置或其防误闭锁装置失灵应作为严重缺陷尽快予以消除。

38.1.5 室外高压设备带电显示装置其闭锁回路严禁强制解锁操作，若装置或闭锁回路故障时，应按规定上报缺陷处理。

38.2 维护方法

高压带电显示装置常见问题及维护方法见表 38-1。

表 38-1　　　　　　　高压带电显示装置常见问题及维护方法

序号	设备	检查内容	常见问题	维护方法
1	显示装置	装置工作电源检查	工作电源指示灯不亮	检查装置工作电源回路
		显示器	显示异常	测量显示单元输入电压，如输入电压正常，为显示单元故障；如输入电压不正常，则为感应器故障，由专业人员处理
		各相带电指示信号灯与高压设备实际状态核对	状态不符，显示装置故障	专业人员处理，更换装置
			状态不符，传感器故障	专业人员处理，更换传感器
		自检功能	自检功能异常	专业人员处理，更换装置
		闭锁功能	闭锁功能异常	专业人员处理，更换
2	传感器	外观	破损	专业人员更换

第十四部分
同步时钟核对

39 同步时钟概述

39.1 同步时钟概念

变电站时钟系统采用精准的测频与智能驯服算法，使振荡器时间频率信号与 GPS 卫星 / 北斗卫星 / 外部 B 码时间基准保持精密同步，提供高可靠性、高冗余度的时间基准信号，其输出短时和长期稳定度是十分优良的高精度同步信号。

目前同步时钟系统在变电站主要用于校验时钟，如全网的继电保护装置、故障录波装置、其他自动装置、电能量采集系统及调度自动化系统等都留有同步时钟授时接口，这些接口和同步时钟系统连接，装置内部有自动校时程序，每隔固定时间将装置本身时钟和同步时钟系统作一比较，时间差超过某规定值时，自动以同步时钟系统为准，修改装置时钟（校时步长、时间差由校时程序给定）。这样，全网的保护装置及自动装置都具有统一时钟，准确记录每次事故的时间，以便事故记录调查，并准确定性。

变电站同步对时方式有：脉冲对时、串口报文对时、时间编码方式对时、网络方式对时四种，目前常用的对时方式为时间编码方式 IRIG-B 码，简称 B 码。

39.2 同步时钟核对的意义

同步时钟系统核对检查可以发现外部时间源的不稳定导致的时间刻度和时间信息跳变和错误，保证本地输出时间是安全稳定可靠的，确保继电保护装置、自动化装置、安全稳定控制系统和生产信息管理系统等基于统一的时间基准运行，以满足事件顺序记录（SOE）、故障录波、实时数据采集时间的一致性要求，确保线路故障测距、相量和功角动态监测和电网参数校验的准确性，以及电网事故分析和稳定控制水平，提高运行效率及其可靠性。

39.3 同步时钟系统简介

时间同步系统构成元件有：主时钟系统（包括时间信号接收单元、守时单元、时间信号输出单元、管理单元），若干从时钟，时间信号传输介质及电源构成。其中信号接收单元由接收天线及 GPS/北斗卫星接收器构成，电源宜采用交直流双电源供电。同步时钟装置见图 39-1。

图 39-1 同步时钟装置

时间同步系统组成有多种方式，其典型形式有基本式、主从式、主备式三种。基本式时间同步系统由一台主时钟和信号传输介质组成，用以为被授时设备或系统对时；主从式时间同步系统由一台主时钟、多台从时钟和信号传输介质组成，用以为被授时设备或系统对时；主备式时间同步系统由两台主时钟、多台从时钟和信号传输介质组成，用以为被授时设备或系统对时。

时间同步系统运行方式有独立式和组网式两种，独立式运行不接入时间同步网，独立运行；组网式运行方式接入时间同步网，除接收无线时间基准信号外，还接收上一级时间同步系统下发的有线时间基准信号，两类时间基准信号输入都有效时，无线时间基准信号作为系统的优先授时源，在无线时间基准信号异常时，以有线时间基准信号作为系统的授时源。如图 39-2 所示为组网式变电站同步时钟系统网络结构示意。

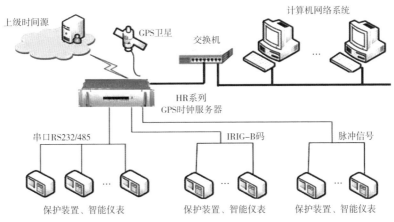

图 39-2　组网式变电站同步时钟系统网络结构示意图

时间同步装置面板信号指示说明：1PPS 表示秒脉冲，一种时间基准信号，每秒一个脉冲；1PPM 表示分脉冲，一种时间基准信号，每分钟一个脉冲；1PPH 表示时脉冲：一种时间基准信号，每小时一个脉冲。同步时钟装置如图 39-1 所示。

40　同步时钟核对作业

40.1　作业流程

同步时钟核对检查作业流程如图 40-1 所示。

40.2　检查

40.2.1　工作准备

（1）填写作业卡。填写全站各装置、系统时钟核对作业卡。

（2）工具、材料准备。按工作需要准备万用表、线手套等。

（3）仪器检查。检查万用表合格，检查方法同 20.2.1。

（4）汇报调控中心。工作前，汇报调控中心监控班当天工作内容。

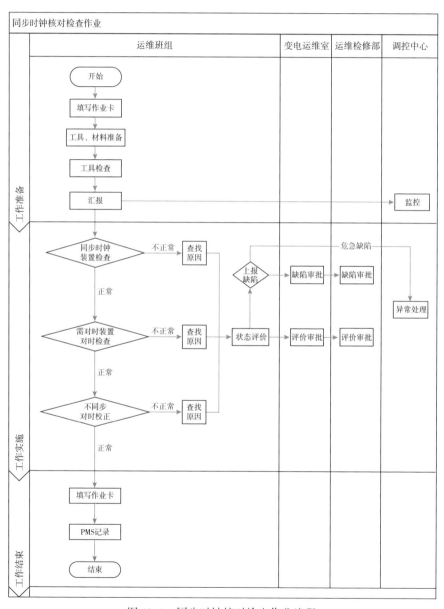

图 40-1　同步时钟核对检查作业流程

40.2.2 工作实施（以 WY695 同步时钟系统为例说明）

（1）检查同步时钟装置运行正常，记录 GPS 同步时钟当前日期、时间，如图 40-2 所示。

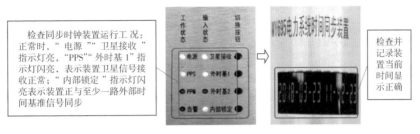

图 40-2 同步时钟装置检查

（2）依次检查各装置日期、时间，并与 GPS 同步时钟当前日期、时间进行对比，记录日期、时间不同步的装置名称，如图 40-3 所示。

图 40-3 装置对时检查

（3）将不同步的装置日期、时间修改为与 GPS 时钟一致，如图 40-4 所示。

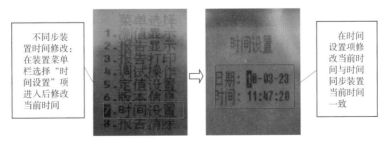

图 40-4 不同步装置时间修改

40.2.3　工作结束

（1）填写作业卡。填写全站各装置、系统时钟核对作业卡。

（2）填写记录。在 PMS 系统填写全站各装置、系统时钟核对记录，如图 40-5 所示。

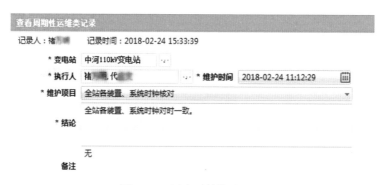

图 40-5　同步时钟核对记录

40.2.4　注意事项

（1）检查系统时钟是否准确、一致。

（2）检查各种指示灯指示是否正常。

（3）装置有无异常声响和异味。

（4）与二次设备相连的接线应可靠，无松动、脱落现象。

41　同步时钟运行规定及维护方法

41.1　运行规定（《国家电网公司变电运维管理规定》国网〔运检 /3〕828—2017）

41.1.1　运行中安装在室外的 GPS/北斗天线头，顺着天线头往上看能够看到 360° 的天空，其附近及上空应无遮挡物。

41.1.2　同步时钟装置电源要求：交流 220V 电压，允许偏差为 –20% ～ +15%，直流 220、110、48V 电压，允许偏差为 –20% ～ +15%。

41.1.3　同步时钟装置环境要求：环境温度为 –5 ~ +45℃，相对湿度 5% ~ 95%。

41.2　维护方法

同步时钟系统常见问题及维护方法见表 41-1。

表 41-1　　　　　　　　同步时钟系统常见问题及维护方法

序号	同步时钟系统	检查内容	常见问题	维护方法
1	主时钟、从时钟	装置电源	装置电源指示灯不亮或显示屏无显示	检查电源开关和电源回路。否则由专业人员处理或更换
		运行监视灯	运行监视灯熄灭，或显示异常不能自动复位	可关机重开机。否则由专业人员处理或更换
		对时信号运行情况	接触不良造成对时异常：电源线接触不良导致 GPS 装置运行不正常闪屏或 GPS 输出信号线接触不良导致装置对时不准	紧固处理电源线及信号输出线接触不良情况
			天线中断造成对时异常：天线外露部分被咬断或腐蚀，GPS 主时钟屏面板不显示接收到的卫星数，GPS 装置报天线告警、后台报对时异常	由专业人员处理或更换
			信号不稳造成对时异常：光纤熔接耦合度不好或天线焊接不好，运行 1 ~ 2 年后信号衰减	由专业人员处理或更换
			装置老化造成对时异常：对时装置运行年限过长，内部元器件失效造成无法运行	由专业人员处理或更换
2	需对时装置	对时情况	同步时钟信号输出无误，需对时装置对时不成功	查看需对时装置的对时方式是否有误，手动对时

主备式时间同步系统的工作方式：在不接收上一级同步系统下发的有线时间基准信号时，建议主备式时间同步系统采用如下工作方式。

（1）主时钟的工作方式（来源：DL/T 1100.1—2009《电力系统的时间同

步系统技术规范》中附录 C)。设主时间三路输入分别是无线时间基准信号（简称为 A 基准信号），另一台时钟发来的有线时间基准信号（简称为 B 基准信号），及上一级时间同步系统下发的有线时间基准信号（简称为 C 基准信号），主时钟应采用表 41-2 的工作方式。

表 41-2　　　　　　　主时钟的工作方式

A 基准信号	B 基准信号	C 基准信号	输出信号的同步方式	输出信号的时间质量标识	时钟告警
正常	正常	正常	与 A 时间基准信号同步	同步正常	无
正常	正常	异常	与 A 时间基准信号同步	同步正常	有
正常	异常	任意	与 A 时间基准信号同步	同步正常	有
异常	正常	任意	与 B 时间基准信号同步	同步异常	有
异常	异常	正常	与 C 时间基准信号同步	同步正常	有
异常	异常	异常	守时	同步异常	有

注　表中的"正常"指时间信号能被正常接收，且同步状态标识为正常，"异常"指"正常"之外的所有状态。

（2）从时钟的工作方式（来源：DL/T 1100.1—2009 中附录 C ）。设从时钟的两路输入分别来自主时间 A 发送的有线时间基准信号（简称为 A 基准信号）和主时钟 B 发送的有线时间基准信号（简称为 B 基准信号），从时钟应采用如表 41-3 所示的工作方式。

表 41-3　　　　　　　从时钟工作方式

A 基准信号	B 基准信号	输出信号的同步方式	输出信号的时间质量标识	时钟告警
正常	正常	与 A 时间基准信号同步	同步正常	无
正常	异常	与 A 时间基准信号同步	同步正常	有
异常	正常	与 B 时间基准信号同步	同步正常	有
秒准时沿接收正常，同步状态异常	秒准时沿接收正常，同步状态异常	与 A 时间基准信号同步	同步异常	有

续表

A 基准信号	B 基准信号	输出信号的同步方式	输出信号的时间质量标识	时钟告警
秒准时沿接收正常，同步状态异常	秒准时沿接收异常	与 A 时间基准信号同步	同步异常	有
秒准时沿接收异常	秒准时沿接收正常，同步状态异常	与 B 时间基准信号同步	同步异常	有
秒准时沿接收异常	秒准时沿接收异常	守时	同步异常	有

注　表中的"正常"指时间信号能被正常接收，且同步状态标识为正常，"异常"指"正常"之外的所有状态；"同步状态异常"指时间信号的同步状态标识为异常；"秒准时沿接收正常"指信号秒准时沿能被正确接收，"秒准时沿接收异常"指信号秒准时沿不能被正确接收。

（3）输出时间同步信号的条件，见表 41-4（来源：DL/T 1100.1—2009 中附录 C）。

表 41-4　　　　　　　　　输出时间同步信号的条件

装置状态	是否输出时间同步信号	装置状态说明
初始化状态	否	装置通电后，正在进行初始化，还未与外部时间基准信号同步
跟踪锁定状态	是	装置正与至少一路外部时间基准信号同步
守时保持状态	是	装置原先处于跟踪锁定状态，工作过程中与所有外部时间基准信号失去同步
异常状态	否	装置自检异常或运行过程中出现软、硬件故障

42   变电站蓄电池组概述

42.1   蓄电池分类

变电站蓄电池类型有铅酸蓄电池和镉镍蓄电池。一般采用阀控密封式铅酸蓄电池。

阀控密封式铅酸蓄电池正常使用时保持气密和液密的状态。当内部气压超过预定值时，安全阀自动开启，释放气体。当内部气压降低后，安全阀自动闭合使其密封，防止外部空气进入蓄电池内部。因此，使用过程中不会有酸雾溢出，对环境、设备和工作人员不会造成危害，但在充电末期会有气体生成，主要成分是氢气，因此需要做好防火工作。

42.2   蓄电池组简介

由多个蓄电池串联起来形成规定电压的蓄电池组，作为变电站直流系统的后备电源。正常情况下，蓄电池组浮充电运行，当站用交流电源因故失压、整流装置故障等情况发生时，蓄电池组自动投入供站用直流母线运行。

变电站蓄电池直流标称电压一般有 2、6、12V，蓄电池组标称电压有

220、110、48V。

42.3 蓄电池电压测量的意义

对单个蓄电池及蓄电池组端电压测量可检查蓄电池运行情况，包括蓄电池浮充电情况及电池劣化情况。

42.4 蓄电池图例

蓄电池图例如图 42-1 所示。

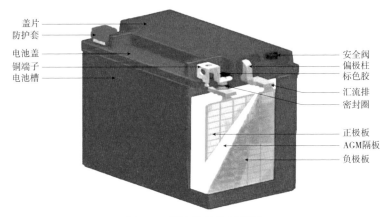

图 42-1 蓄电池结构示意图

43 蓄电池电压测量作业

43.1 作业流程

蓄电池电压测量维护作业流程如图 43-1 所示。

43.2 端电压测量

43.2.1 工作准备

（1）填写作业卡。按要求填写蓄电池电压测量作业卡。

（2）工具、材料准备。根据工作需要准备测量用万用表、线手套等工具及材料。

（3）工具检查。检查万用表合格，检查方法同20.2.1。

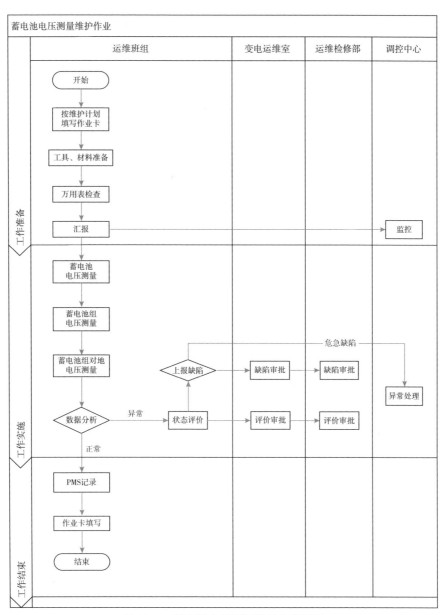

图 43-1　蓄电池电压测量维护作业流程

（4）汇报调控中心。作业前，汇报调控中心监控班当天工作内容。

43.2.2　工作实施

（1）依次测量单个蓄电池端电压，并记录数据（保留小数点后3位），如图43-2所示。

②红表笔接至蓄电池"＋"极

③黑表笔接至蓄电池"－"极

①将万用表挡位切至"直流电压挡"，并选择适当量程

④观察并记录万用表读数，读数精确至小数点后三位

图43-2　蓄电池端电压测量

（2）测量蓄电池组端电压，并记录数据，如图43-3所示。

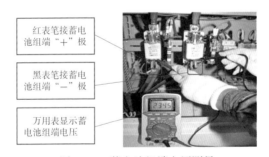

红表笔接蓄电池组端"＋"极

黑表笔接蓄电池组端"－"极

万用表显示蓄电池组端电压

图43-3　蓄电池组端电压测量

（3）测量蓄电池组正极、负极对地电压，并记录数据，如图43-4所示。

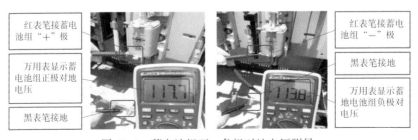

红表笔接蓄电池组"＋"极

万用表显示蓄电池组正极对地电压

黑表笔接地

红表笔接蓄电池组"－"极

黑表笔接地

万用表显示蓄地电池组负极对地电压

图43-4　蓄电池组正、负极对地电压测量

（4）将测试结果进行分析，与标准电压及历次测量电压进行纵横比对，判断蓄电池电压是否合格。

判断时，当个别单节电池电压未在合格范围内，应建议开展 C 类检修，对单节电池活化处理，或对整组蓄电池进行均衡充电，必要时进行更换；单节电池电压不合格数量超过 20%，应建议开展 A 类检修，更换整组蓄电池，实施停电检修前加强带电测试。

43.2.3　工作结束

（1）填写作业卡。填写蓄电池电压测量作业卡。

（2）填写记录。蓄电池电压检测记录见图 43-5。

图 43-5　蓄电池电压检测记录

44　蓄电池运行规定

44.1　运行规定（《国家电网公司变电运维管理规定》国网〔运检/3〕828—2017）

44.1.1　330kV 及以上电压等级变电站及重要的 220kV 变电站应采用三台充电装置，两组蓄电池组的供电方式。每组蓄电池和充电装置应分别接于一段直流母线上，第三台充电装置（备用充电装置）可在两段母线之间切换，任一工作充电装置退出运行时，手动投入第三台充电装置。

44.1.2 每台充电装置两路交流输入（分别来自不同站用电源）互为备用，当运行的交流输入失去时能自动切换到备用交流输入供电。

44.1.3 两组蓄电池组的直流系统，应满足在运行中二段母线切换时不中断供电的要求，切换过程中允许两组蓄电池短时并联运行，禁止在两系统都存在接地故障情况下进行切换。

44.1.4 直流母线在正常运行和改变运行方式的操作中，严禁发生直流母线无蓄电池组的运行方式。

44.1.5 查找和处理直流接地时，应使用内阻大于 $2000\,\Omega/V$ 的高内阻电压表，工具应绝缘良好。

44.1.6 使用拉路法查找直流接地时，至少应由两人进行，断开直流时间不得超过 3s，并做好防止保护装置误动作的措施。

44.1.7 直流电源系统同一条支路中熔断器与直流断路器不应混用，尤其不应在直流断路器的下级使用熔断器，防止在回路故障时失去动作选择性。严禁直流回路使用交流断路器。直流断路器配置应符合级差配合要求。

44.1.8 蓄电池室应使用防爆型照明、排风机及空调，开关、熔断器和插座等应装在室外。门窗完好，窗户应有防止阳光直射的措施。

44.1.9 蓄电池不宜受到阳光直射。

44.1.10 蓄电池熔断器损坏应查明原因并处理后方可更换。

44.1.11 浮充电运行的蓄电池电压范围，阀控蓄电池的浮充电电压值应随环境温度变化而修正，其基准温度为 $25\,℃$，修正值为 $\pm1\,℃$ 时 3mV。

44.1.12 阀控蓄电池组正常应以浮充电方式运行，浮充电压值应控制为（ $2.23\sim2.28$ ）$V\times N$，一般宜控制在 $2.25V\times N$（$25\,℃$时）；均衡充电电压宜控制为（ $2.30\sim2.35$ ）$V\times N$。

44.1.13 测量电池电压时应使用四位半精度万用表。

44.1.14 蓄电池室的温度宜保持在 $5\sim30\,℃$，最高不应超过 $35\,℃$，并应通风良好。

44.1.15 蓄电池室内禁止点火、吸烟，并在门上贴有"严禁烟火"警示牌，严禁明火靠近蓄电池。

44.2 蓄电池组常见问题及维护方法

蓄电池组常见问题及维护方法见表 44-1。

表 44-1 　　　　　　　　　　蓄电池组常见问题及维护方法

序号	蓄电池组	检查内容	常见问题	维护方法
1	电压	蓄电池组端电压	蓄电池组端电压为零，直流电源系统报"直流电源故障（或熔断器熔断）"信号	检查蓄电池组端电压，若电压为零，再检查蓄电池总输出熔断器，更换已熔断的熔断器
		蓄电池单体电压	蓄电池单体电压降低为零，直流系统报"蓄电池单体电压越限"报警信号	检查相应报警蓄电池电压情况，若电压降低为零，再检查该蓄电池至巡检装置熔断器，更换已熔断的熔断器
			单节电池电压未在合格范围内	对单节电池活化处理，或对整组蓄电池进行均衡充电，必要时进行更换
			单节电池电压不合格数量超过 20%	更换整组蓄电池，实施停电检修前加强带电测试
2	内阻	内阻值	单节电池内阻高于出厂值 10%	对单节电池活化处理，加强监测，必要时更换
			单节电池内阻高于出厂值 20%	对单节电池活化处理，或对整组蓄电池进行均衡充电，必要时更换
			蓄电池组中有 20% 以上内阻高于出厂值	进行蓄电池容量测试，必要时整组更换，实施停电检修前加强带电测试
3	容量	核对容量	蓄电池组容量低于额定容量的 80%	用反复充放电方法恢复容量，若连续三次充放电循环后，仍达不到额定容量的 100%，应加强监视，缩短单个电池电压普测周期；若连续三次充放电循环后，仍达不到额定容量的 80%，应考虑更换蓄电池
4	绝缘电阻	绝缘电阻值	蓄电池组整体绝缘电阻低于规定值（220V 的蓄电池组：500kΩ；110V 的蓄电池组：300kΩ）	更换整组蓄电池，实施停电检修前加强带电测试

续表

序号	蓄电池组	检查内容	常见问题	维护方法
5	温度	本体	温度异常（过高或过低）	检查环境温度，若由于环境温度过高（或过低）引起时，应立即采取通风降温（或保暖）措施，否则，应对单节电池活化处理，必要时进行更换
		接线柱	温度异常过高	检查接线柱引线接触情况，紧固松动的螺栓
6	外观	标识	无编号或编号不清晰	完善标识
		渗漏情况	20% 以下蓄电池有漏液、鼓肚变形等现象	根据不同严重程度，适时安排检查处理，更换单只蓄电池
			20% 以上破损、漏液、鼓肚变形等现象	更换整组蓄电池，实施停电检修前加强带电测试
		连接线	接点锈蚀、连接条、螺栓等接触不良	紧固螺栓；接点锈蚀的，根据不同严重程度，适时安排防腐处理或更换配件
		极板	蓄电池组极板弯曲变形、硫化	对单节电池活化处理，必要时进行更换

45　蓄电池核对性充放电概述

45.1　充放电定义

变电站蓄电池核对性充放电是指将直流系统蓄电池组通过充、放电装置按规定参数进行大电流放电及充电的一种带电检测试验工作。

45.2　充放电的意义

长期浮充电方式下运行的蓄电池，极板表面将逐渐产生硫酸铅晶体（硫化），堵塞极板的微孔，阻碍电解液的渗透，从而增大了蓄电池的内阻，降低了极板活性物质的作用，蓄电池容量大为降低。通过对蓄电池组核对性充放电试验，可以检查蓄电池组容量，发现电池劣化情况，活化落后电池，恢复容量，提高蓄电池使用寿命。

目前变电站一般采用微机模块化充电装置，由 $N+1$ 个高频开关电源模块并联组成一套充电装置，其中"N"为高频电源模块最大需求个数，"1"为备用高频电源模块个数。

45.3　高频开关电源充电模块简介

高频开关电源先将输入的工频交流电经整流滤波后得到直流电压，再通过功率变换器变换成高频脉冲电压，经高频变压器和整流滤波电路最后转换为稳定的直流输出电压。因其采用脉冲宽度调制电路来控制大功率开关器件的导通和截止时间，故可以得到很高的稳压和稳流精度及很短的动态响应时间。如图45-1所示为高频开关充电模块。

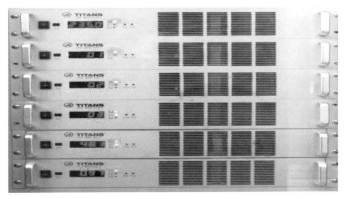

图 45-1　高频开关充电模块

45.4　放电仪图例

放电仪图例如图45-2所示。

图 45-2　蓄电池放电仪

46　蓄电池核对性充放电作业

46.1　作业流程

蓄电池核对性充放电维护作业流程如图 46-1 所示。

46.2　充放电试验（以 2V、200AH 阀控铅酸蓄电池组全核对性充、放电为例说明）

46.2.1　工作准备

（1）办理工作票。按工作计划办理变电站第二种工作票。

（2）填写作业卡。按要求填写蓄电池充放电试验维护作业指导书。

（3）仪器、工具、材料准备。按工作需要准备放电仪、备用蓄电池、测温仪、万用表、组合工具、线手套、绝缘胶带等仪器、工具及材料。

（4）工具检查。如图 46-2 所示为工具绝缘情况检查。

（5）工作许可。根据工作票内容进行工作许可。

（6）人员分工。在工作许可完成后，工作负责人按照工作内容进行任务分工，工作人员按照分工内容完成工作任务。

（7）汇报调控中心。作业前，汇报调控中心监控班当天工作内容。

46.2.2　工作实施

46.2.2.1　放电

（1）将临时蓄电池按连接顺序摆放整齐，并按顺序依次串联起来，形成蓄电池组。测量临时蓄电池组端电压合格（临时蓄电池组端电压与工作蓄电池组端电压差值应 ≤ 5V），并记录数据，如图 46-3 所示。

（2）断开工作蓄电池组电源输出开关（有条件时应将临时蓄电池组并入工作蓄电池组后再退出工作蓄电池组），取下蓄电池组熔断器，拆除工作蓄电池组组端电源连接线，如图 46-4 所示。

（3）将临时蓄电池组接入直流系统蓄电池熔断器，安上熔断器，并合上蓄电池电源输出开关，此时，临时蓄电池组作为直流系统电源，如图 46-5 所示。

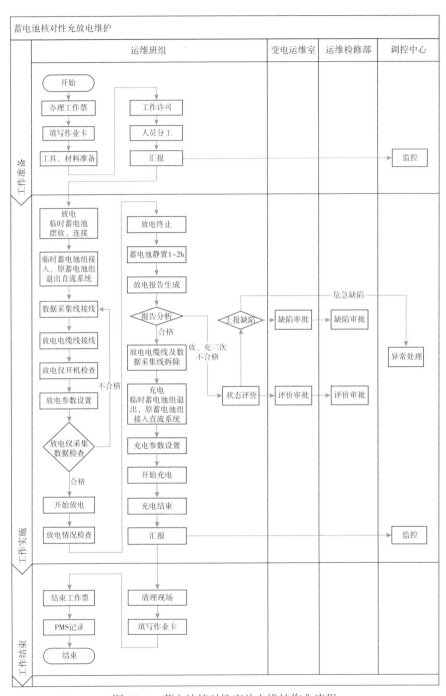

图 46-1　蓄电池核对性充放电维护作业流程

图 46-2　工具绝缘情况检查

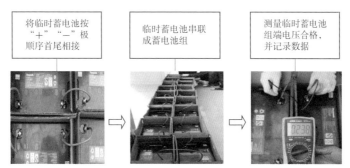

图 46-3　临时蓄电池组接线

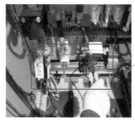

图 46-4　工作蓄电池组脱离直流系统

图 46-5　临时蓄电池组接入直流系统

（4）检查临时蓄电池组接入直流系统运行正常，如图 46-6 所示。

图 46-6　临时蓄电池组工作情况检查

（5）将数据采集线按编号顺序依次接入工作蓄电池端子，如图 46-7 所示。

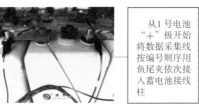

从1号电池
"＋"极开始
将数据采集线
按编号顺序用
鱼尾夹依次接
入蓄电池接线
柱

图46-7　数据采集线接入

（6）将放电仪数据采集终端按顺序接入无线发射装置，如图46-8所示。

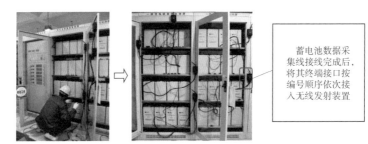

蓄电池数据采
集线接线完成后，
将其终端接口按
编号顺序依次接
入无线发射装置

图46-8　采集终端接入

（7）将放电仪放电电缆线接入待放电蓄电池组及放电仪，如图46-9所示。

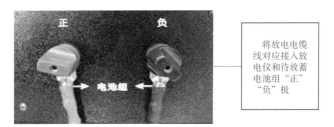

将放电电缆
线对应接入放
电仪和待放蓄
电池组"正"
"负"极

图46-9　放电电缆线接入

（8）接通放电仪装置电源，并合上放电仪电源空开，检查放电仪显示正常，如图46-10所示。

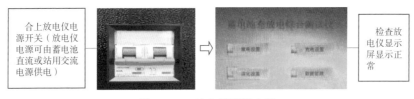

合上放电仪电
源开关（放电仪
电源可由蓄电池
直流或站用交流
电源供电）

检查放
电仪显示
屏显示正
常

图46-10　放电仪开机自检

（9）根据蓄电池容量、电压规格、运行年限、工作条件等设置放电各项参数，包括蓄电池电压规格、标称容量、放电容量、放电时间、单个电池终止放电电压、蓄电池组终止放电电压等参数。

设置参数时，应按照蓄电池放电电流值为 $1.0\,I_{10}$ A，单体标称电压的90%设置单体放电终止电压，整组标称电压的90%设置整组放电终止电压，放电时间为10h，或参考蓄电池说明书设置相关参数，如图46-11所示。

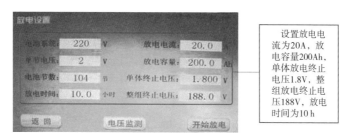

图46-11　放电参数设置

（10）上述参数设定完成，确认无误后，放电仪进行蓄电池电压巡检，若数据采集线接线正确，则显示所有蓄电池端电压及蓄电池组端电压，该电压应不低于设定的放电电压参数，否则放电将达到终止电压条件而无法进行。若巡检中个别电池电压为零或高于标称电压时，可能为数据采集线接线有误，应重新查找接线，直至所有蓄电池电压及蓄电池组端电压显示正常，且蓄电池组退出运行后，静置30min，再进行放电，测量并记录放电前的单体蓄电池端电压。如图46-12所示为放电仪巡检蓄电池电压数据。

图46-12　放电仪巡检蓄电池电压数据

（11）合上放电开关，开始放电，每小时应检查放电仪工作情况，蓄电池外观及温度无异常。当蓄电池放电条件达到任一放电终止参数时，终止蓄电池放电。如图 46-13 所示为放电参数监测。

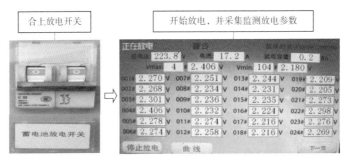

图 46-13   放电参数监测

（12）蓄电池放电终止后，立即断开放电开关，蓄电池组静置 1~2h 后，再充电，如图 46-14 所示。

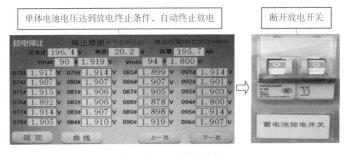

图 46-14   放电终止

（13）备份蓄电池放电仪放电数据，如图 46-15 所示。

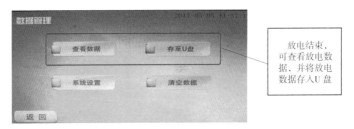

图 46-15   放电数据查看、存储

（14）将放电仪放电数据生成蓄电池核对性放电报告，若报告显示经放电检查蓄电池容量及电池电压均合格，放电工作方可结束，否则，应待充电后准备第二次放电。如图 46-16 所示为蓄电池放电试验报告。

蓄电池放电试验报告

电池参数：

参数	型号	GFMD-200C	制造厂	××××电源股份有限公司
	安装日期	2017.4.28	试验日期	2017.5.4
	站名	110kV渝河变电站		
	蓄电池节数	104	蓄电池单体	2V
	放电时间	10h	放出容量	195.7Ah
外观检查	（1）外壳是否有裂纹、损伤和漏液现象			正常
	（2）正、负性是否正确			正确
	（3）环境温度℃			18℃
	（4）检查连接条、螺丝是否紧固、锈蚀			正常

全部数据：

放电时间	14:32:11	15:32:51	16:32:53	17:32:55	18:32:57	19:32:59	20:33:01	20:33:03	20:33:05	20:33:07	00:19:42
总电压（V）	237.30	215.00	213.90	212.40	210.90	210.90	217.10	205.10	202.60	199.40	196.40
电流（A）	0.000	19.900	19.900	20.000	19.900	19.900	19.900	20.000	19.900	19.900	20.200
容量（Ah）	0.000	20.100	40.100	60.100	80.100	100.10	120.10	140.10	160.10	180.10	195.70
1#	2.242	2.076	2.066	2.053	2.036	2.020	2.001	1.978	1.956	1.928	1.902
2#	2.237	2.067	2.057	2.044	2.028	2.011	1.994	1.973	1.951	1.925	1.901
3#	2.246	2.082	2.072	2.056	2.040	2.022	2.000	1.977	1.949	1.918	1.889
4#	2.246	2.083	2.072	2.057	2.042	2.024	2.005	1.982	1.956	1.928	1.902
5#	2.243	2.075	2.065	2.051	2.035	2.017	2.000	1.978	1.956	1.927	1.901

电压曲线图：

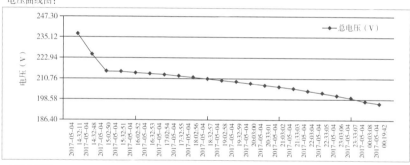

电流曲线图：

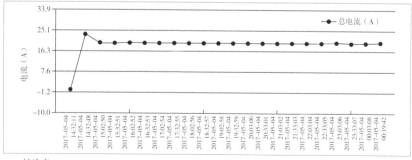

结论表：

蓄电池放电、容量试验记录是否合格		合格
负责人	张×	成员
备注		

图46-16　蓄电池放电试验报告

（15）断开放电仪电源开关，拆除放电电缆线，如图 46-17 所示。

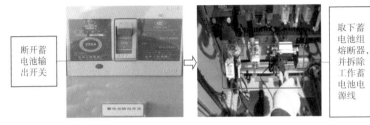

图 46-17　工作蓄电池组脱离直流系统

（16）拆除数据采集线。

46.2.2.2　充电

（1）按上述方法将临时蓄电池组脱离直流系统，将已放电后的蓄电池组接入直流系统电源。

（2）检查并设置充电监测装置蓄电池核对性充电参数，包括充电电压、电流等，充电装置自动对蓄电池组进行恒流限压充电→恒压充电→浮充电的充电转换过程（充电初始电流 1.0 I_{10} A）。充电过程中，注意蓄电池的温度情况，超过 40℃时，应降低充电电流，每 2h 检查蓄电池外观及温度无异常。

检查设置好充电参数时，先用 I_{10} 电流进行恒流充电，当蓄电池组端电压上升到（2.30 ~ 2.35）V × N 限压值时，自动转为恒压充电；在（2.30 ~ 2.35）V × N 的恒压充电下，I_{10} 充电电流逐渐减小，当充电电流减小至 0.1 I_{10} 电流时，自动转为正常的浮充电运行，浮充电压值宜控制为（2.23 ~ 2.28）V × N。如图 46-18 所示为蓄电池组充电工况检查。

图 46-18　蓄电池组充电工况检查

（3）蓄电池组经恒流限压充电→恒压充电后应转入浮充电运行状态，检查其单体浮充电压为 2.23 ~ 2.28V（2V 蓄电池），取 2.25V/ 单只（25℃）。

46.2.3　工作结束

（1）清理现场。整理工器具及材料，清扫工作现场。

（2）填写作业卡。填写相关维护作业卡。

（3）结束工作票。待工作人员全部撤离工作现场后，工作负责人和工作许可人办理工作终结手续。

（4）填写记录。在 PMS 系统填写蓄电池维护记录。

46.2.4　注意事项

（1）作业时使用有绝缘柄（或金属部分包好绝缘）的工具，作业人员应戴线手套，穿长袖工作服。

（2）测量表计应使用内阻大于 $2000\Omega/V$ 的高内阻电压表。

（3）工作中严禁直流短路和接地。

（4）取下直流熔断器时，应先取下正极熔断器，后取下负极熔断器，安上时顺序与此相反。

（5）临时蓄电池组的容量应满足直流系统要求。

（6）临时蓄电池组接入直流系统代替工作蓄电池组前，应测量其端电压满足要求，接线良好。

（7）蓄电池组充放电工作中，放电仪的散热口不许对准保护屏柜等二次设备。

（8）蓄电池组充放电工作中，应做好通风措施。

（9）蓄电池组充放电工作中，室内严禁使用明火或有可能产生火花的作业。

47　蓄电池充放电规定

47.1　蓄电池组充电电压调整范围（DL/T 724—2000《电力系统用蓄电池直流电源装置运行与维护技术规程》中 5.2 条）

（1）电压调整范围为 90%～125%（2V 铅酸式蓄电池）；90%～130%（6、12V 阀控式蓄电池）；90%～145%（镉镍蓄电池）直流标称电压。

（2）恒流充电时，充电电流调整范围为（20%～100%）I_N。

（3）恒压运行时，负荷电流调整范围为（0~100%）I_N。

47.2　微机控制自动转换程序充电（DL/T 724—2000中5.3.8条）

阀控蓄电池的充电程序：恒流→恒压→浮充。

根据蓄电池不同种类，确定不同的充电率进行恒流充电，蓄电池组端电压达到某一整定值时，微机将控制充电装置自动转为恒压充电，当充电电流逐渐减小到某一整定值时，微机将控制充电装置自动转为浮充电运行。

47.3　蓄电池组正常浮充电方式（DL/T 724—2000中6.1条）

（1）防酸蓄电池组在正常运行中均以浮充方式运行，浮充电压值一般控制为（2.15~2.17）V×N（N为电池个数）。

（2）GFD防酸蓄电池组浮充电压值可控制到（2.23~2.28）V×N。

（3）镉镍蓄电池组在正常运行中以浮充方式运行，高倍率镉镍蓄电池浮充电压值宜取（1.36~1.39）V×N，均衡充电电压宜取（1.47~1.48）V×N；中倍率镉镍蓄电池浮充电压值宜取（1.42~1.45）V×N，均衡充电电压宜取（1.52~1.55）V×N，浮充电流值宜取2~5mA。

47.4　蓄电池组容量试验（DL/T 724—2000中6.1条）

不同类型的蓄电池组具有不同的充电率和放电率。

（1）防酸蓄电池组的恒流充电电流及恒流放电电流均为I_{10}，其中一个单体蓄电池放电终止电压到1.8V（2V电池）时，应停止放电。在三次充放电循环之内，新蓄电池若达不到额定容量值的100%，运行1年以上的蓄电池达不到额定容量值的80%，此组蓄电池为不合格。

（2）镉镍蓄电组容量试验。镉镍蓄电池组的恒流充电电流和恒流放电电流均为I_5，其中一个电池放电终止电压到1V，应停止放电。在三次充放电循环之内，新蓄电池若达不到额定容量值的100%，运行1年以上的蓄电池达不到额定容量值的80%，此组蓄电池为不合格。

（3）阀控蓄电池组容量试验。阀控蓄电池组的恒流限压充电电流和恒流放电电流均为I_{10}，额定电压为2V的蓄电池，放电终止电压为1.8V；额定电压为 6V 的蓄电池，放电终止电压为 5.4V ；额定电压为 12V 的蓄电池，放电终止电压为 10.8V。只要其中一个蓄电池放到了终止电压，应停止放电。在三次充放电循环之内，新蓄电池若达不到额定容量值的 100%，运行 2 年以上的蓄电池达不到额定容量值的 80%，此组蓄电池为不合格。

（4）防酸蓄电池、镉镍蓄电池在充放电后，应测电解液的密度并符合技术要求。

47.5　蓄电池组核对性充放电（DL/T 724—2000 中 6.1 条）

47.5.1　防酸蓄电池组的核对性充、放电

47.5.1.1　*充电*

（1）初充电。按制造厂家的使用说明书进行初充电。

（2）浮充电。防酸蓄电池组完成初充电后，以浮充电的方式投入正常运行，浮充电流的大小，根据具体使用说明书的数据整定，使蓄电池组保持额定容量。

（3）均衡充电。防酸蓄电池组在长期浮充电运行中，个别蓄电池落后，电解液密度下降，电压偏低，采用均衡充电方法，可使蓄电池消除硫化恢复到良好的运行状态。

均衡充电的程序：先用 I_{10} 电流对蓄电池组进行恒流充电，当蓄电池端电压上升到（2.30 ~ 2.33）V × N，将自动或手动转为恒压充电，当充电电流减小到 $0.1 I_{10}$ 时，可认为蓄电池组已被充满容量，并自动或手动转为浮充电方式运行。

47.5.1.2　*核对性放电*

核对性放电程序如下：

（1）一组防酸蓄电池。当变电站只有一组蓄电池组，不能退出运行，也不能作全核对性放电，只允许用 I_{10} 电流放出其额定容量的 50%，在放电过程中，单体蓄电池端电压不能低于 1.9V。放电后，应立即用 I_{10} 电流进行恒流充电，在蓄电池组电压达到（2.30 ~ 2.33）V × N 时转为恒压充电，当充电电流下降到 $0.1 I_{10}$ 电流时，应转为浮充电运行，反复几次上述放电充电方式后，可认为蓄电池组得到了活化，容量得到了恢复。

（2）两组防酸蓄电池。若变电站具有两组蓄电池，则一组运行，另一组断开负荷，进行全核对性放电。放电电流为 I_{10} 恒流。当单体蓄电池电压达到终

止电压 1.8V 时，停止放电，放电过程中，记下蓄电池组及每个蓄电池的端电压，电解液密度。若蓄电池组第一次核对性放电，就放出了额定容量，不再放电，充满容量后便可投入运行。

（3）防酸蓄电池核对性放电周期。新安装或大修中更换过电解液的防酸蓄电池组，第 1 年，每 6 个月进行一次核对性放电；运行 1 年以后的防酸电池组，1～2 年进行一次核对性放电。

（4）防酸蓄电池容量下降，更换电解液，用反复充电法，可使蓄电池的容量得到恢复。

（5）长期备用搁置的蓄电池，应每月进行一次补充充电。

47.5.2　镉镍蓄电池组的充、放电

47.5.2.1　充电

（1）正常充电。用 I_5 恒流对镉镍蓄电池组进行充电，蓄电池组电压值逐渐上升到最高且稳定时，可认为蓄电池充满了容量，一般需要 5～7h。

（2）快速充电。用 2.5 I_5 恒流对镉镍蓄电池充电 2h。

（3）浮充充电。在长期运行中，按浮充电压值进行的充电。

（4）不管采用何种充电方式，电解液的温度不得超过 35℃。

47.5.2.2　放电

（1）正常放电。用 I_5 恒流连续放电，当蓄电池组的端电压下降至 $1V \times N$ 时（其中一只镉镍蓄电池电压下降到 0.9V 时），停止放电，放电时间若大于 5h，说明该蓄电池组具有额定容量。

（2）事故放电。交流电源中断，二次负荷及事故照明负荷全由镉镍蓄电池组供电。若供电时间较长，蓄电池组端电压下降到 $1.1V \times N$ 时，应自动或手动切断镉镍蓄电池组的供电，以免因过放使蓄电池组容量亏损过大，对恢复送电造成困难。

（3）核对性放电。核对性放电程序：

1）一组镉镍蓄电池。变电站中只有一组镉镍蓄电池，不能退出运行，该组蓄电池不能作全核对性放电，只允许用 I_5 电流放出额定容量的 50%，在放电过程中，每隔 0.5h 记录蓄电池组端电压值，若蓄电池组端电压值下降到 $1.17V \times N$，应停止放电，并及时用 I_5 电流充电。反复 2～3 次，蓄电池组额定容量可以得到

恢复。若有临时蓄电池组代替，此组镉镍蓄电池就可作全核对性放电。

2）两组镉镍蓄电池。变电站中若有两组镉镍蓄电池，可先对其中一组蓄电池进行全核对性放电。用 I_5 恒流放电，终止电压为 $1V \times N$，在放电过程中每隔 0.5h 记录蓄电组端电压值，每隔 1h 时，测量每个镉镍蓄电池的电压值。

3）镉镍蓄电组核对性放电周期。镉镍蓄电池组以长期浮充电运行中，每年必须进行一次全核对性的容量试验。

4）镉镍蓄电池组容量下降，放电电压低时，应更换电解液，更换无法修复的蓄电池组，用 I_5 电流进行 5h 恒流充电后，将充电电流减至 $0.5 I_5$ 电流，继续充电 3～4h，停止充电 1～2h 后，用 I_5 恒流放电至终止电压，再进行上述方法充电和放电，反复 3～5 次，电池组容量将得到恢复。

47.5.3　阀控蓄电池的核对性充、放电

47.5.3.1　充电

（1）浮充电。阀控蓄电池组在正常运行中以浮充电方式运行，浮充电压值宜控制为（2.23～2.28）$V \times N$，在运行中主要监视蓄电池组的端电压值，浮充电流值，每只蓄电池的电压值、蓄电池组及直流母线的对地电阻值和绝缘状态。

（2）恒流限压充电。采用 I_{10} 电流进行恒流充电，当蓄电池组端电压上升到（2.30～2.35）$V \times N$ 限压值时，自动或手动转为恒压充电。

（3）恒压充电。在（2.30～2.35）$V \times N$ 的恒压充电下，I_{10} 充电电流逐渐减小，当充电电流减小至 $0.1I_{10}$ 电流时，充电装置的倒计时开始起动，当整定的倒计时结束时，充电装置将自动或手动转为正常的浮充电运行，浮充电压值宜控制为（2.23～2.28）$V \times N$。

（4）补充充电。为了弥补运行中因浮充电流调整不当造成欠充，补偿阀控蓄电池自放电和爬电漏电所造成蓄电池容量的亏损，根据需要设定时间（一般为 3 个月）使充电装置自动或手动进行一次恒流限压充电→恒压充电→浮充电过程，使蓄电池组随时保持满容量，确保运行安全可靠。

47.5.3.2　核对性放电

长期使用限压限流的浮充电运行方式或只限压不限流的运行方式，无法判断阀控蓄电池的现有容量及电池劣化情况。只有通过核对性放电，才能发现蓄电池存在的问题。

（1）一组阀控蓄电池。变电站中只有一组蓄电池，不能退出运行、也不能作全核对性放电、只能用 I_{10} 电流以恒流放出额定容量的 50%，在放电过程中，蓄电池组端电压不得低于 $2V \times N$。放电后应立即用 I_{10} 电流进行恒流限压充电 → 恒压充电 → 浮充电，反复放充 2～3 次，蓄电池组容量可得到恢复。若有备用蓄电池组作临时代用，该组阀控蓄电池可作全核对性放电。

（2）两组阀控蓄电池。变电站中若具有两组阀控蓄电池组，可先对其中一组阀控蓄电池组进行全核对性放电，用 I_{10} 电流恒流放电，当蓄电池组端电压下降到 $1.8V \times N$ 时，停止放电，静置 1～2h 后，再用 I_{10} 电流进行恒流限压充电 → 恒压充电 → 浮充电。反复 2～3 次放电、充电循环，蓄电池的容量才能得到恢复，也能发现存在的问题。

（3）备用搁置的阀控蓄电池，每 3 个月进行一次补充充电。

（4）阀控蓄电池核对性放电周期。新安装或大修后的阀控蓄电池组，应进行全核对性放电试验，以后每隔 2 年进行一次全核对性放电试验，运行了 4 年以后的阀控蓄电池，应每年作一次全核对性放电试验。

（5）阀控蓄电池的温度补偿系数受环境温度影响，基准温度为 25℃时，每下降 1℃，单体 2V 阀控蓄电池浮充电压值应提高 3～5mV。

47.6 蓄电池放电终止电压、运行电压偏差值及充放电电流

蓄电池放电终止电压、运行电压偏差值及充放电电流值见表 47-1（DL/T 724—2000 中 6.1 条）。

表 47-1　蓄电池放电终止电压、运行电压偏差值及充放电电流

蓄电池类别	标称电压（V）	终止放电电压（V）	运行中的电压偏差值（V）	开路电压最小电压差值（V）	额定容量（Ah）	充放电电流（A）
防酸蓄电池	2	1.8			C_{10}	I_{10}
阀控蓄电池	2	1.8	±0.05	0.03	C_{10}	I_{10}
	6	5.4（1.8×3）	±0.15	0.04	C_{10}	I_{10}
	12	10.8（1.8×6）	±0.13	0.06	C_{10}	I_{10}
隔镍蓄电池	1.2	1.0			C_5	I_5

48 站用交流电源切换概述

48.1 站用交流电源切换概念

变电站站用交流电源为了确保其可靠性，一般均配置 2～3 路站用交流电源，其中一路为外接电源，站用变低压交流电源均接至站用屏交流母线，站用电低压交流母线一般采用单母、单母分段方式运行。

为了确保站用交流电源因故失压而造成站用电低压交流母线失压，站用电源一般采用低压侧电源备用的方式运行，即当其中一路（工作）站用电源因故失压时，另一路（备用）站用电源通过自动或手动方式切换代替失压站用电源供电，保证低压交流母线不中断供电。

48.2 站用交流电源切换方式

站用交流电源采取备用方式运行时，一般有明备用方式和暗备用方式，明备用方式即一路电源工作，一路电源备用，当工作电源因故失压时，备用电源投入工作，代替工作电源供电；暗备用方式为两路电源均工作，各带一段站用低压交流母线运行，当其中一路电源因故失压时，低压交流母线母联开关投入工作向失压母线供电，即失压母线不会因工作电源的消失而中断供电。

为了实现上述站用交流电源的自动或手动切换，站用交流电源常用切换装置有备用电源自动投入装置（简称备自投）或自动电源切换装置（automatic Transfer Switch，ATS）。

48.3　站用交流电源切换装置简介

备自投，即当工作电源因故障跳闸后，自动迅速地将备用电源投入的一种自动装置。

ATS 是一种位置切换开关，由于其不具备灭弧能力，因此广泛运用于站用低压交流系统。ATS 可以手动，也可以切换至自动模式，自动模式又包括 6 种工作方式，可根据需要配置。

图 48-1 所示为一种自动电源切换装置（ATS）。

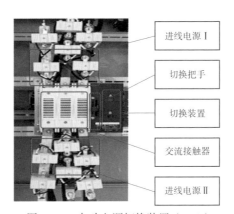

图 48-1　自动电源切换装置（ATS）

49　站用交流电源切换试验作业

49.1　作业流程

站用交流电源切换试验作业流程如图 49-1 所示。

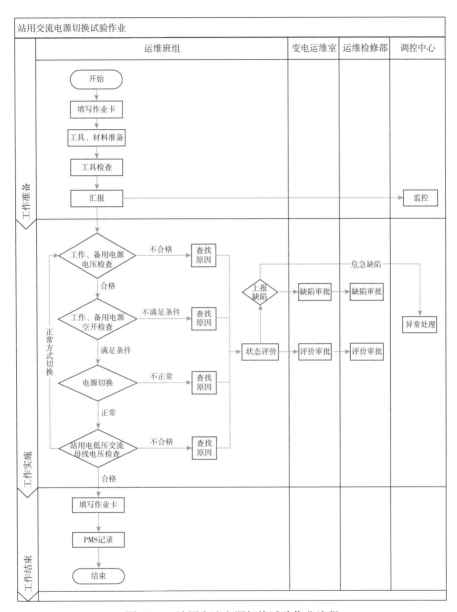

图 49-1 站用交流电源切换试验作业流程

49.2 切换试验

49.2.1 工作准备

（1）填写作业卡。填写站用交流电源切换试验作业卡。

（2）工具、材料准备。按工作需要准备万用表、线手套等。

（3）仪器检查。检查万用表合格，检查方法同20.2.1。

（4）汇报调控中心。工作前，汇报调控中心监控班当天工作内容。

49.2.2　工作实施（以站用电低压交流单母线、双进线电源，明备用方式，ATS电源切换装置为例说明）

（1）检查站用屏交流工作电源、备用电源三相电压指示正常，如图49-2所示。

图49-2　站用低压工作、备用电源电压检查

（2）检查站用屏交流工作电源、备用电源空气开关在"合"位置，如图49-3所示。

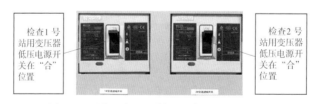

图49-3　站用变压器低压进线电源投退检查

（3）站用电低压交流电源切换试验（以XKQE-250/3T型ATS装置为例），如图49-4所示。

49.2.3　工作结束

（1）填写作业卡。填写站用交流电源切换试验作业卡。

（2）填写记录。在PMS系统填写站用交流电源切换试验记录，如图49-5所示。

49.2.4　注意事项

（1）对于运用ATS切换装置的站用交流电源系统，切换试验时各路电源均

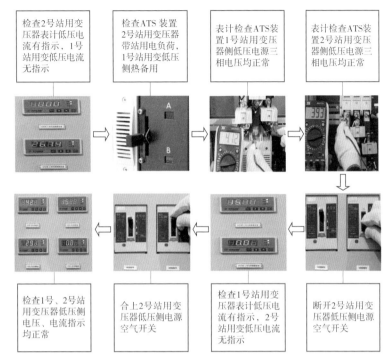

图 49-4　站用低压电源 ATS 切换试验

图 49-5　站用交流电源切换试验记录

应切换动作正常，若正常方式运行时有主电源之分的，需恢复到主电源供电。

（2）对于使用备自投装置的站用交流电源系统，若其备自投具有充放电功能，应注意不要手动断开站用变压器低压侧开关，因为在这种方式下备自投会因放电而拒动造成站用低压交流母线失压。应断开站用变压器高压侧断路器，检查备自投是否正确动作。

（3）对于不带放电功能的备自投，则可直接手动断开其站用变压器低压交流电源开关。

（4）对于单母线分段带母连接线方式，切换时应检查母联开关是否正确合上，对于单母线双进线方式，切换时应检查另一台站用变压器低压交流开关是否正确合上。

（5）当站用交流电源不具备切换条件的，禁止切换试验，防止站用电低压交流母线失压。

（6）站用电交直流系统有作业时，禁止切换试验。

（7）站用交流电源切换试验前，应检查备用电源三相电压正常，切换后检查站用低压交流母线三相电压正常。

50　站用交流电源切换装置运行规定及维护方法

50.1　运行规定（《国家电网公司变电运维管理规定》国网〔运检/3〕828—2017）

50.1.1　交流电源相间电压值应不超过 420V、不低于 380V，三相不平衡值应小于 10V。如发现电压值过高或过低，应立即安排调整站用变分接头，三相负载应均衡分配。

50.1.2　两路不同站用变压器电源供电的负荷回路不得并列运行，站用交流环网严禁合环运行。

50.1.3　站用电系统重要负荷（如主变压器冷却系统、直流系统等）应采用双回路供电，且接于不同的站用电母线段上，并能实现自动切换。

50.1.4　站用交流电源系统涉及拆动接线工作后，恢复时应进行核相。接入发电车等应急电源时，应进行核相。

50.1.5　站用电切换及自动转换开关、备用电源自投装置动作后，应检查备自投装置的工作位置、站用电的切换情况是否正常，详细检查直流系统，UPS 系统，主变压器（高压电抗器）冷却系统运行正常。

50.1.6　站用电正常工作电源恢复后，备用电源自投装置不能自动恢复正常工作电源的需人工进行恢复，不能自重启的辅助设备应手动重启。

50.1.7　备自投装置闭锁功能应完善，确保不发生备用电源自投到故障元件上、造成事故扩大。

50.1.8　备自投装置母线失压启动延时应大于最长的外部故障切除时间。

50.2　维护方法

站用电源切换装置常见问题及维护方法见表 50-1。

表 50-1　　　　　　　站用电源切换装置常见问题及维护方法

序号	切换系统	检查内容	常见问题	维护方法
1	备自投装置	信号回路	备自投装置发出闭锁、失电告警等信息	检查备自投装置运行方式是否选择正确，装置交流输入情况。若以上情况正常，应能手动复归信号，否则，由专业人员处理
				外部交流输入回路异常或断线告警时，如检查发现备自投装置运行灯熄灭，应将装置退出运行
		装置电源	装置电源消失或接地	备自投装置电源消失或直流电源接地后，应及时检查，停止现场与电源回路有关的工作，尽快恢复备自投装置的运行
		动作情况	装置动作、备用电源未投入	1）备自投装置动作且备用电源断路器未合上时，应在检查工作电源断路器确已断开，站用交流电源系统无故障后，手动投入备用电源断路器。 2）工作电源断路器恢复运行后，应查明备用电源拒合原因。 3）对于成套备自投装置，在排除上述可能的情况下，可采取断开装置电源再重启一次的方法检查备自投装置异常告警是否恢复
2	自动切换装置	运行情况	自动转换开关面板显示失电、闭锁等信息	1）检查监控系统告警信息，检查自动转换开关所接两路电源电压是否超出控制器正常工作电压范围。 2）若自动转换开关电源灯闪烁，检查进线电源有无断相、虚接现象。 3）检查自动转换开关安装是否牢固，是否选至自动位置。 4）若自动转换无法修复，应采用手动切换，联系检修人员更换自动切换装置。 5）若手动仍无法正常切换电源，应转移负荷，联系检修人员处理

51 变压器冷却系统
轮换试验概述

51.1 变压器冷却系统概念

变压器冷却器的作用就是当变压器上层油温与下层油温产生温差时，通过冷却器形成油对流或通过强迫油循环，并经冷却器冷却后流回油箱，起到降低变压器运行温度的作用。

电力变压器常用的冷却方式一般分为三种：油浸自冷式、油浸风冷式和强迫油循环式。

油浸自冷式就是以变压器油的自然对流作用将热量通过油箱壁和散热器，然后依靠空气的对流传导将热量散发，它没有特制的冷却设备。

油浸风冷式是在油浸自冷式的基础上，在油箱壁或散热器上加装风扇，利用吹风机辅助冷却。

强迫油循环冷却方式，又分为强油风冷式、强油水冷式及强油导向冷却式，强油风冷和强油水冷是利用油泵强迫油加速循环，利用风扇吹风或循环水作冷却介质，把变压器热量带走。强油导向冷却是利用油泵强迫油沿着一定路径通过绕组和铁芯内部以提高散热效率的冷却方法。

51.2 变压器冷却系统轮换试验的意义

变压器冷却系统定期轮换试验，检查核对冷却系统运行方式，通过轮换试验确认冷却系统切换正常，及时发现并处理冷却系统存在的问题，掌握冷却系统运行工况，确保冷却系统及变压器在正常及异常情况下能按规定方式运行，确保变压器运行的可靠性。

51.3 变压器冷却系统简介

变压器冷却系统按冷却方式一般由冷却回路电源、控制回路、散热系统、油循环系统等组成。

冷却回路电源按变压器容量及供电重要性可采用单电源，双电源自、互投，及特别重要的枢纽变电站主变压器容量超过 800MVA 的还应有第三电源供电。多电源供电的各路电源应取自不同的站用变压器及不同段低压母线上，能实现自、互投功能，当其中一路电源因故失电时，冷却回路不应中断供电。

散热系统按冷却方式风冷系统由散热器、油箱、风机等组成，水冷系统由水泵、水管路、压力表、流量表、阀门、冷却塔等组成。

油循环系统由油泵、油流继电器、油管路、散热器、油箱、滤油器、阀门等组成。

强油风冷变压器冷却器工作方式有工作、辅助、备用、停止四种状态，各种方式按变压器投退、油温及负载情况能实现自动切换。

控制回路包括对冷却装置启停及保护而构成的各元件，主要元件由转换开关、指示灯、接触器、继电器（热继电器、时间继电器、中间继电器等）、微动开关、控制箱等组成。

如图 51-1 所示为强油风冷变压器冷却系统结构图。

如图 51-2 所示为强油风冷变压器油流示意图。

图 51-3 所示为风冷系统控制箱，图 51-4 所示为风冷系统控制元件。

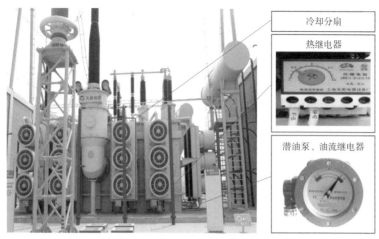

图 51-1　强油风冷变压器冷却系统结构图

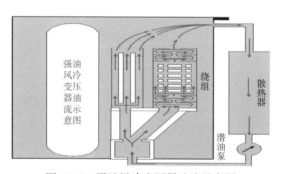

图 51-2　强油风冷变压器油流示意图

图 51-3　风冷系统控制箱

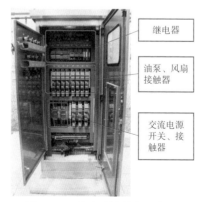

图 51-4　风冷系统控制元件图

52　变压器冷却系统
轮换试验作业

52.1　作业流程

变压器冷却系统轮换试验作业流程如图 52-1 所示。

52.2　轮换试验

52.2.1　工作准备

（1）填写作业卡。填写变压器冷却系统轮换试验作业卡。

（2）工具、材料准备。按工作需要准备万用表、线手套等。

（3）仪器检查。检查万用表合格，检查方法同 20.2.1。

（4）汇报调控中心。工作前，汇报调控中心监控班当天工作内容。

52.2.2　工作实施（以强油风冷系统为例说明）

（1）检查确认变压器各组冷却器工作状态，如图 52-2 所示。

（2）依次对称切换冷却器风机状态：

1）第Ⅰ组冷却器切换开关由"工作"切至"辅助"状态。

2）第Ⅱ组冷却器切换开关由"备用"切至"工作"状态。

3）第Ⅲ组冷却器切换开关由"工作"切至"备用"状态。

4）第Ⅳ组冷却器切换开关由"辅助"切至"工作"状态。

（3）切换后分别检查各组风机切换正常，冷却系统运行正常。切换后检查方法同 52.2.2.1。

52.2.3　工作结束

（1）填写作业卡。填写变压器冷却系统轮换试验作业卡。

（2）填写记录。在 PMS 系统填写变压器冷却系统轮换试验记录，如图 52-3 所示。

52.2.4　注意事项

（1）强油循环冷却器正常及轮换运行时应对称开启运行，以满足油的均匀

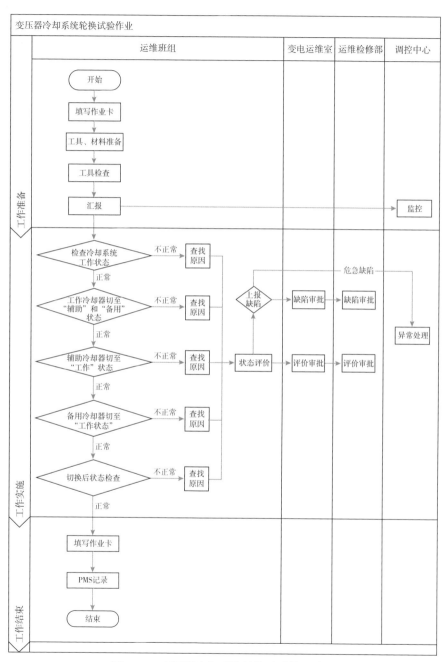

图 52-1　变压器冷却系统轮换试验作业流程

图 52-2 变压器各组冷却器状态检查

图 52-3 变压器冷却系统轮换试验记录

循环和冷却。轮换试验时，应按编号依次分别进行。

（2）变压器冷却器切换前后应检查风扇电动机及叶片要安装牢固，转动灵活，无卡阻，无振动、过热，叶片应无扭曲变形或与风筒碰擦等情况，转向正确。

（3）冷却器回路有故障（缺陷）未消除前，禁止进行冷却系统轮换试验。

（4）"辅助"或"备用"冷却器按变压器油温或负荷电流自动启动运行时，禁止对该冷却系统进行轮换试验。

（5）变压器满负荷或过负荷运行，全组冷却器均运行时，禁止对该冷却系统进行轮换试验。

（6）冷却器轮换试验前后，应按编号记录各组冷却器状态。

53　变压器冷却系统运行
规定及维护方法

53.1　运行规定（《国家电网公司变电运维管理规定》国网〔运检/3〕828—2017）

53.1.1　冷却装置投入运行时应检查变压器风扇的运转情况，检查其转向是否正确，有无明显的振动和杂音，以及叶轮有无碰擦风筒现象。

53.1.2　冷却器应对称开启运行，以满足油的均匀循环和冷却。

53.1.3　油浸风冷装置的投切应采用自动控制。油浸风冷变压器必须满足：当上层油温达到厂家规定的风扇启动温度时或运行电流达到规定值时，自动投入风扇。当油温降低至厂家规定的备用风扇退出温度，且运行电流降到规定值时，备用风扇退出运行。控制冷却系统启停的油温和负荷电流整定值由变压器制造厂提供。非电量保护的油面温度、绕组温度保护应投报警信号。

（1）油面温度整定原则：强油循环风冷变压器75℃，自然油循环风冷/自冷变压器85℃。

（2）绕组温度整定原则：强油循环风冷变压器85℃，自然油循环风冷/自冷变压器 95℃。

（3）强油风冷装置应有两组独立工作电源，并能自动切换。当工作电源发生故障时，应自动投入备用电源并发出音响及灯光信号。

53.1.4 强油风冷变压器充电前，应首先启动冷却器，空载或轻载时不应投入过多的冷却器。停运后，冷却器应继续运行半小时后再退出运行。

53.1.5 强油风冷变压器的潜油泵启动应逐台启用，延时间隔应在 30s 以上，以防止气体继电器误动。

53.1.6 强油风冷变压器单个风扇故障引起该组冷却器跳闸后，备用冷却器能自动投入，对故障冷却器应将其停用，查明原因并进行处理。一般至少有一组冷却器为备用。

53.1.7 强油风冷变压器在运行中，如冷却装置全停（系指停止油泵及风扇），应按厂家要求进行处理，如厂家无明确要求，通用原则为：在额定负荷下允许的运行时间为 20min，如油面温度尚未达到 75℃时，允许上升到 75℃，但在这种状态下运行的最长时间不得超过 1h。

53.1.8 无自然循环冷却能力变压器在满负荷运行时，当全部冷却器退出运行后，允许变压器继续运行时间不应大于 30min。

53.1.9 强油风冷变压器按厂家规定不得同时将全部冷却器投入运行。

53.1.10 原则无人值班变电站强油风冷变压器的冷却装置全停投跳闸，有人值班变电站强油风冷变压器的冷却装置全停投信号，具体投信号还是跳闸根据定值和调度命令执行。

53.1.11 变压器中的油因低温凝滞时，应不投冷却器空载运行，同时监测顶层油温，逐步增加负载，直至投入相应数量冷却器，转入正常运行。

53.1.12 当发现变压器温度达到整定值而"辅助"冷却器未自动投入时，应及时手动将其投入。

53.1.13 对强油风冷变压器冷却系统，各组冷却器的工作状态（即工作、辅助、备用状态）应每季进行轮换运行一次。

53.2 维护方法

变压器冷却系统运行常见问题及维护方法见表 53-1。

表 53-1　　　　　　　　变压器冷却系统运行常见问题及维护方法

序号	冷却系统	检查内容	常见问题	维护方法
1	控制回路	指示灯	不亮、损坏	更换
		空气开关、切换开关	故障	更换
		按触器	故障	更换
		热耦	故障	更换
		回路接线	接触不良	紧固接线
2	控制箱	驱潮加热装置	不启动	检查启动值是否正确，否则维修更换故障元件
		箱门	密封不严	密封处理
		内部封堵	封堵不严	密封处理
		照明回路	灯不亮	检查照明回路，更换故障元件
3	强油风冷系统	散热器	锈蚀	防腐处理
			渗漏油	渗漏位于负压区或油滴速度快于每滴 5s 或形成油流时根据渗漏部位、渗漏严重程度，适时安排 D 类或 B 类检修
			积污较轻微，对散热影响不大	加强巡视和红外测温
			积污较严重，对散热有影响	按要求进行带电水冲洗
		阀门	未开启	开启阀门
			渗漏油	渗漏位于负压区或油滴速度快于每滴 5s 或形成油流时根据渗漏部位、渗漏严重程度，适时安排 D 类或 B 类检修
		风机	不转	检查控制回路，若控制回路无问题则由专业人员处理
			有异常声响、发热或振动	专业人员处理

续表

序号	冷却系统	检查内容	常见问题	维护方法
3	强油风冷系统	风机	叶片扭曲变形或叶轮碰擦风筒	专业人员处理
		油流继电器	指针出现抖动	应先切换至正常的冷却器，该组切至停止位置，由专业人员尽快查明原因和处理，防止脱落的挡板进入变压器本体内
		油泵	有异常声响或振动	专业人员处理
			渗漏油	渗漏位于负压区或油滴速度快于每滴 5s 或形成油流时根据渗漏部位、渗漏严重程度，适时安排 D 类或 B 类检修
4	水冷系统	水泵	有异常声响或振动	专业人员处理
		压差继电器	压差继电器故障	专业人员处理
		压力表	压力表密封不严、指示不正确	专业人员处理
		温度表	温度表指示不正确	专业人员处理
		流量表	流量表密封不严、指示不正确	专业人员处理
		冷却塔	锈蚀	防腐处理
			管道渗漏	专业人员处理
			阀门未开启	开启阀门
		电机	电机故障	专业人员处理

第十九部分
UPS 试验

54　UPS 概述

54.1　UPS 概念

UPS（Uninterruptible Power System），即不间断电源，是能够提供持续、稳定、不间断电源供应的重要外部设备，主要为变电站计算机监控系统、关口电能计量、调度数据远动传输系统、站用同步时钟系统、五防系统、事故照明系统等不能中断供电的重要负荷提供电源。

它的主要功能是在正常、异常和供电中断情况下，均能向重要用电设备及系统提供安全、可靠、稳定、不间断的交流电源。

当交流市电输入正常时，UPS 将市电稳压后供应给负载使用，此时的 UPS 就是一台交流市电稳压器；当交流市电因故中断时，UPS 立即将站用蓄电池的直流电能，通过逆变零切换转换的方法向负载继续供应 220V 交流电，使负载维持正常工作。UPS 设备通常对电压过高或电压过低都能提供保护。

54.2　UPS 切换试验的意义

通过对 UPS 进行切换试验，检查 UPS 工作状态，确保在正常情况下 UPS

能够持续、稳定的提供电源，在异常及事故情况下交流市电输入中断时，能够自动切换由站用蓄电池经 UPS 逆变输出向重要负载提供交流不间断电源，保证 UPS 功能的正常性。

54.3　UPS 简介

UPS 装置如图 54-1 所示。

图 54-1　UPS 装置

图 54-2 所示为 UPS 工作原理图。交流市电（AC380/220V）经自耦变压器降压、全波整流、滤波变为直流电压，供给逆变电路，大功率全桥逆变电路输出稳定的交流电压。当交流市电突然欠压或失压时，则站用蓄电池组直流输入（DC220/110V）电压经隔离二极管向逆变电路提供电源，在此过程中，交流市电供电到蓄电池供电没有切换时间。不间断电源还有过载保护功能，当发生过载（105% 负载）时，自动跳到旁路状态，并在负载正常时自动返回。当发生严重过载（150% 负载）时，不间断电源立即停止逆变器输出并跳到旁路状态。因此不间断电源应避免在过载状态下运行。

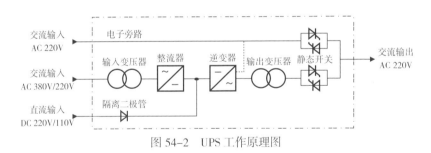

图 54-2　UPS 工作原理图

55　UPS 试验作业

55.1　作业流程

UPS 试验作业流程，如图 55-1 所示。

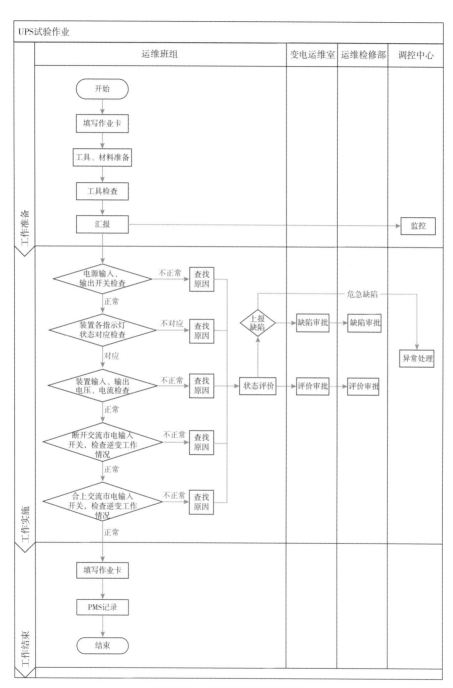

图 55-1 UPS 试验作业流程

55.2 切换试验

55.2.1 工作准备

（1）填写作业卡。填写 UPS 试验作业卡。

（2）工具、材料准备。按工作需要准备万用表、线手套等。

（3）仪器检查。检查万用表合格，检查方法同 20.2.1。

（4）汇报调控中心。工作前，汇报调控中心监控班当天工作内容。

55.2.2 工作实施（以 TK5000-D UPS 装置为例说明）

（1）检查 UPS 装置各电源输入及输出开关工作状态，如图 55-2 所示。

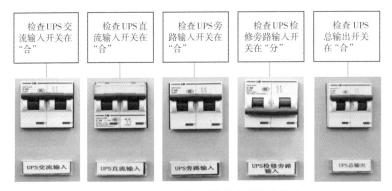

图 55-2　UPS 装置输入输出电源状态检查

（2）检查 UPS 装置面板各指示灯与实际工作状态相符，如图 55-3 所示。

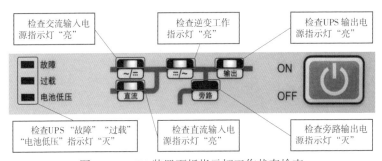

图 55-3　UPS 装置面板指示灯工作状态检查

（3）检查 UPS 装置各电源输入和输出电压、电流指示正常，如图 55-4 所示。

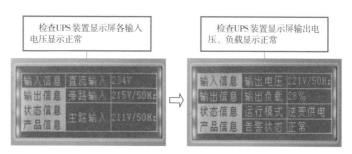

图 55-4 UPS 装置输入输出信息检查

（4）断开 UPS 交流市电输入开关，检查供电方式已切换至直流逆变状态，UPS 输入、输出正常，装置蜂鸣器告警，各指示灯指示正常，如图 55-5 所示。

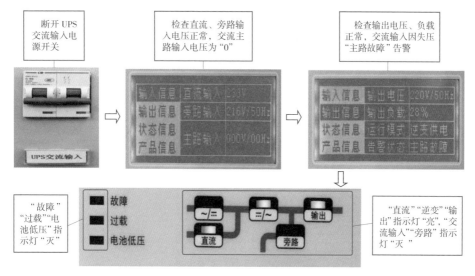

图 55-5 UPS 试验切换检查

（5）合上 UPS 交流市电开关，检查供电方式已切换至正常工作状态，UPS 输出正常，各指示灯指示正常。

检查方法同 55.2.2（2）、55.2.2（3）。

（6）与监控核对 UPS 系统试验切换信号正确。

55.2.3 工作结束

（1）填写作业卡。填写 UPS 系统试验作业卡。

（2）填写记录。在 PMS 系统填写 UPS 切换试验记录，如图 55-6 所示。

图 55-6 UPS 切换试验记录

55.2.4 注意事项

（1）逆变器的几种运行状态。

1）交流运行状态：指逆变器交流输入正常，将输入的交流整流、逆变后输出交流电压。

2）直流运行状态：当逆变器的交流输入失去，直流输入正常时，逆变器将输入的直流进行逆变后输出交流电压。

3）自动旁路状态：逆变器开机时，首先运行于该状态。如输出大于额定输出功率时，将自动切至旁路状态。当逆变器出现故障时，逆变器自动切至旁路状态。逆变器在自动切至旁路状态的过程中会伴随出现"逆变器故障"信号出现，如逆变器本身并无故障，切至旁路状态后该信号会自动消失。

4）手动旁路状态：当逆变器有检修工作时，手动操作此旁路开关至"旁路"位置，即由交流输入直接供电。

（2）UPS 应半年试验一次，以验证其直流运行状态良好，即断开 UPS 屏上交流输入空气开关，使逆变器应自动转入直流运行状态运行，检查运行应正常，相关的声光信号正确。然后合上交流输入开关，恢复其正常的交流运行状态。

（3）UPS 装置应具备防止过负荷及外部短路的保护，交流电源输入回路中应有涌流抑制措施，其旁路电源需经隔离变压器进行隔离。

（4）UPS 负荷空气开关跳开后，应注意检查所带负荷回路绝缘是否有问题，检查没有明显故障点后可以试分合一次空气开关。

（5）UPS 装置自动旁路后，应检查 UPS 自动旁路的原因，短时间无法判断故障点时，应进行操作，用另一台 UPS 代所有 UPS 负荷运行，将故障 UPS

隔离后作进一步检查，必要时通知检修或厂家进站检查，严禁运维人员私自拆开 UPS 装置进行检查。

（6）运维人员应按规定定期进行蓄电池维护检查工作，确保 UPS 的直流供电稳定可靠。

（7）逆变器输出与负载要求采用工频变压器隔离，负载的任何扰动均不直接作用于逆变器的开关器件，从而保证逆变器具有很高的可靠性。

（8）由于电力专用 UPS 直流输入取自直流操作电源系统的蓄电池组，而直流操作电源是一个不接地系统，因此要求电力专用 UPS 直流输入应与交流输入和输出侧完全电气隔离，交流侧的任何故障均不能影响到直流控制母线电压。

（9）正常运行方式下，主从机均由站用电源向其输入电流，经整流器整流滤波成为直流后再送入逆变器，变为稳频、稳压的工频交流，经静态开关向负荷供电。正常运行方式下逆变电源装置上各指示灯（若有对应指示灯）指示对应情况见表 55-1。

表 55-1　　　　　　　　　　UPS 装置正常时指示灯说明

名称	颜色	亮 / 灭
直流输入	绿	亮
交流输入	绿	亮
旁路输入	绿	灭
直流供电	绿	灭
整流器	绿	亮
逆变器	绿	亮
逆变输出	绿	亮
旁路输出	绿	灭
交流输出	绿	亮

（10）巡视时注意检查屏下方主机维护旁路开关及从机维护旁路开关在分位，装置上旁路输出灯应灭。

56 UPS 运行规定及维护方法

56.1 运行规定(《国家电网公司变电运维管理规定》国网〔运检 /3〕828—2017）

56.1.1 110kV 及以下电压等级变电站,宜配置 1 套站用 UPS 装置。220kV 及以上电压等级变电站应配置 2 套站用 UPS 装置,特高压变电站、换流站每个区域宜配置 2 套站用 UPS 装置。

56.1.2 UPS 用蓄电池容量选择应满足:当交流供电中断时,UPS 应能保证 2h 事故供电。

56.1.3 UPS 应具备防浪涌保护功能。

56.1.4 具有并机功能的 UPS 在额定负载电流的 50% ~ 100% 范围内,其均流不平衡度应不超过 ±5%。

56.1.5 UPS 过载及短路保护功能要求。

(1)当输入过电压时,装置应具有过电压关机保护功能或输入自动切换功能,输入恢复正常后,应能自动恢复原工作状态。

(2)当输入欠电压时,装置应具有欠电压保护功能或输入自动切换功能,输入恢复正常后,应能自动恢复原工作状态。

(3)输出功率在额定值的 105% ~ 125% 范围时,运行时间大于或等于 10min 后自动转旁路,故障排除后,应能自动恢复工作。

(4)输出功率在额定值的 125% ~ 150% 范围时,运行时间大于或等于 1min 后自动转旁路,故障排除后,应能自动恢复工作。

(5)输出功率超过额定值的 150% 或短路时,应立刻转旁路。旁路开关要有足够的过载能力使配电开关脱扣,故障排除后,应能自动恢复工作。原则上配电开关的脱扣电流应不大于装置额定输出电流的 50%。

56.1.6 UPS 输入电压不变、负载突变时和输出为额定负载不变、输入电压突变时,输出电压的变化量范围为 ±10%。

56.1.7 UPS 直流输入电压应满足现场需求,电压范围不超过直流电源标称电压的 80%~130%，特殊要求的电压范围：上限值为蓄电池组充电浮充电装置的上限，下限值为单个蓄电池额定电压值与蓄电池个数乘积的 85%。

56.1.8 检修旁路功能不间断电源系统正常运行时由站用交流电源供电，当交流输入电源中断或整流器故障时，由站内直流电源系统供电。

56.1.9 UPS 交流供电电源应采用两路电源点供电。

56.1.10 UPS 应具备运行旁路和独立旁路。

56.1.11 当发生下列情况时，设备应能发出报警信号：

（1）交流输入过电压、欠电压、缺相。

（2）交流输出过电压、欠电压。

（3）UPS 装置故障。

56.1.12 具有并机功能的 UPS 在额定负载电流的 50%~100% 范围内，其均流不平衡度应不超过 ±5%。

56.1.13 当输入过电压时，装置应具有过电压关机保护功能或输入自动切换功能，输入恢复正常后，应能自动恢复原工作状态。

56.1.14 当输入欠电压时，装置应具有欠电压保护功能或输入自动切换功能，输入恢复正常后，应能自动恢复原工作状态。

56.2 维护方法

UPS 运行常见问题及维护方法见表 56-1。

表 56-1 UPS 运行常见问题及维护方法

序号	设备	检查内容	常见问题	维护方法
1	显示屏	运行情况	黑屏	检查装置电源工作情况，否则由专业人员处理或更换
2	指示灯	装置电源指示灯	不亮，装置停止工作	检查装置电源开关是否关机，电源回路是否断电，恢复供电后，电源指示灯仍不亮，则由专业人员处理或更换
		交流市电输入电源指示灯	交流市电输入电源指示灯不亮，直流输入电源指示灯亮	检查交流市电输入电源回路，开关是否跳闸，回路是否断电，恢复供电后仍不亮，则由专业人员处理或更换

续表

序号	设备	检查内容	常见问题	维护方法
2	指示灯	直流输入电源指示灯	不亮	检查直流输入电源回路，开关是否跳闸，回路是否断电，恢复供电后仍不亮，则由专业人员处理或更换
		逆变指示灯	逆变指示灯不亮，旁路指示灯亮	检查交流市电及直流输入电源回路，开关是否跳闸，回路是否断电，恢复供电后仍不亮，则由专业人员处理或更换
		过载指示灯	过载指示灯亮，旁路指示灯亮	负荷过载，转移负荷减载
		故障指示灯	故障指示灯亮，旁路指示灯亮，逆变无输出	装置故障，由专业人员处理或更换
			故障指示灯亮，旁路指示灯不亮，逆变无输出	装置故障，电源未自动切换至旁路输出，此时，应手动合上旁路维护开关旁路输出将主机隔离，由专业人员处理或更换
3	面板	温度	温度过高，风扇运转正常	若装置运行正常，则采取措施降温处理
			温度过高，风扇停止运转	应手动合上旁路维护开关旁路输出将主机隔离，由专业人员处理或更换
		声音	装置内部有异常声响	检查装置安装是否牢固，若非振动引起异常声响时，则应手动合上旁路维护开关旁路输出将主机隔离，由专业人员处理或更换
		通风	面板通风孔尘土较多，堵塞通风孔	除尘

57 一、二次设备红外
热成像概述

57.1 红外测温的意义

变电站一、二次设备红外测温指利用红外热像仪或红外测温仪检测带电设备各部件的工作温度。

带电设备正常工作时会由于电流、电压及磁通的作用而致热,当其接触不良、放电、过载等情况下,其温升会明显升高,超过允许范围。利用红外热像仪可发现带电设备的发热部位及温度,通过分析判断确定设备的工作状态,为状态评价提供决策依据,防止隐患的发展而造成事故和损失。

57.2 红外测温工具简介

红外热像仪:通过红外光学系统、红外探测器及电子处理系统,将物体表面红外辐射转换成可见图像的设备。它具有测温功能,具备定量绘出物体表面温度分布的特点,将灰度图像进行伪彩色编码。如图 57-1 所示为红外热像仪结构示意图。

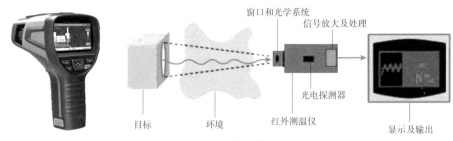

图 57-1　红外热像仪结构示意图

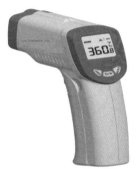

红外测温仪：一种非成像型的红外温度检测与诊断仪器，通过测量物体发射的红外辐射能量来确定被测物体的温度。如图 57-2 所示为红外测温仪。

57.3　红外测温诊断方法

红外测温诊断方法主要有表面温度判断法、相对温差判断法、同类比较法、热谱图分析法、档案分析法、实时分析判断法六种。

图 57-2　红外测温仪

（1）表面温度判断法是当前普遍运用的一种检测方法，此方法就是根据测得的设备表面温度值，对照有关规定，凡温度（或温升）超过标准者可根据设备温度超标的程度、设备的重要性及设备承受机械应力的大小来确定设备缺陷的性质，而大多数生产人员往往简化地根据设备是否发热及发热的绝对温度来主观臆断设备是否存在缺陷及缺陷程度，因此此种方法的主观性太强，判据缺乏可靠性，会引起误判。

（2）相对温差判断法，是根据相对温差判定的方法。相对温差即两个对应测点之间的温差与其中较热点的温升之比的百分数。

（3）同类比较法是在同型号、同厂家的设备之间比较。同类比较法可分为电流致热型设备及电压致热型设备比较。在同一电气回路中，当三相电流对称和三相（或两相）设备相同时，比较三相（或两相）电流致热型（如电流互感器）设备对应部位的温升值，可判断设备是否正常。若三相设备同时出现异常，可与同回路的同类设备比较。当三相负荷电流不对称时，应考虑负荷电流的影响。对于型号规格相同的电压致热型设备（如避雷器），可根据其对应点温升值的差异来判断设备是否正常。电压致热型设备的缺陷宜用允许温升或同类允许温差的判断依据确定。一般情况下，当同类温差超过允许温升值的 30% 时，应定为重大缺陷。当三相电压不对称时应考虑工作电压的影响。

（4）热谱图分析法是根据同类设备在正常状态和异常状态下的热谱图的差异来判断设备是否正常。

（5）档案分析法则是分析同一设备在不同时期的检测数据（例如温升、相对温差和热谱图），找出设备致热参数的变化趋势和变化速率，以判断设备是否正常。

（6）实时分析判断法是指在一段时间内使用红外热像仪连续检测某被测设备，观察设备温度随负载、时间等因素变化的方法。

58　一、二次设备红外热成像检测维护作业

58.1　作业流程
一、二次设备红外成像检测作业流程如图 58-1 所示。

58.2　红外检测

58.2.1　工作准备
（1）办理工作票。按工作计划办理变电站第二种工作票。

（2）填写作业卡。填写一、二次设备红外热成像检测作业卡。

（3）工具、仪器准备。按工作需要准备红外热像仪、照明灯等仪器及工具。

（4）仪器检查。检查仪器合格。

（5）工作许可。根据工作票内容进行工作许可。

（6）人员分工。在工作许可完成后，工作负责人按照工作内容进行任务分工，工作人员按照分工内容完成工作任务。

（7）汇报调控中心。工作前，汇报调控中心监控班当天工作内容。

58.2.2 工作实施

（1）红外热像仪开机自检正常。

（2）选择相应辐射率，完成参数设置（以 DALI-T8 型红外热像仪为例说明）：根据被测设备的材料设置辐射率，作为一般检测，被测设备的辐射率一

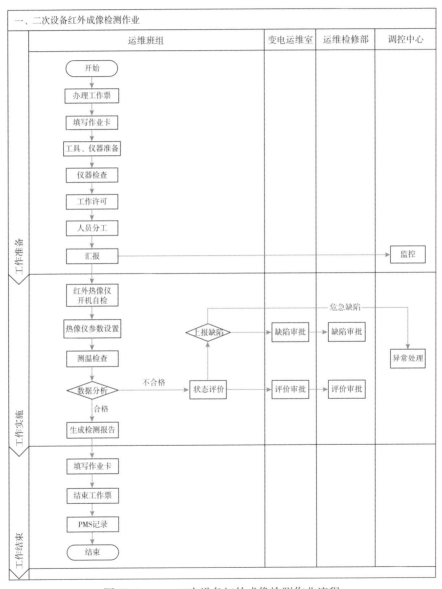

图 58-1　一、二次设备红外成像检测作业流程

般取 0.9 左右，如图 58-2 所示。

图 58-2　红外热像仪辐射率设置

在测温前必须设置好以下参数，否则容易引起测温误差，对正确的判断设备是否存在缺陷产生不必要的干扰。

1）温升：用同一检测仪器相继测得的被测物表面温度和环境温度参照体表面温度之差。

2）温差：用同一检测仪器相继测得的不同被测物或同一被测物不同部位之间的温度差。

3）环境温度参照体：用来采集环境温度的物体叫环境温度参照体。它可能不具有当时的真实环境温度，但它具有与被测物相似的物理属性，并与被测物处在相似的环境之中。如对于油浸式电流互感器而言，若测得顶部金属连片发热，那么环境温度参照体则能选择类似金属连片或材料相同的金属部件，而不能选择瓷群或其他材质的金属等。

4）色标温度量程：一般宜设置在环境温度加 10～20K 左右的温升范围。

（3）测温检查。测温时，远距离对所有被测设备进行全面扫描，宜选择彩色显示方式，调节图像使其具有清晰的温度层次显示，并结合数值测温手段，如热点跟踪、区域温度跟踪等手段进行检测。应充分利用仪器的有关功能，如图像平均、自动跟踪等，以达到最佳检测效果。

对具体的带电设备分类按要求对各部位依次进行测温检测，并记录相关测试数据，主要检测部位有接头、线夹、引流线、触头、本体、紧固部位等。

测温技巧（以 DALI T8 型红外热成像仪为例说明）如下：

1）焦距调整。对准目标，按住 A 键（手不要松开）保持 1～2s，仪器会自动调焦；或者上下移动游戏棒进行手动调焦，使图像清晰，如图58-3所示。

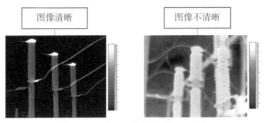

图58-3　红外热像仪焦距调整

2）调整图像的明亮度和对比度。如果相机在自动调节模式下，此步骤可省略，如果相机在手动调节模式下，按一下A键手即时松开，仪器会自动调整图像明亮度和对比度，使图像层次分明。如图58-4所示为红外热像仪明亮度、对比度设置效果。

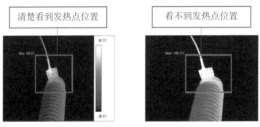

图58-4　红外热像仪明亮度、对比度设置

3）图像存储。无论相机处在冻结还是活动的状态下，只要按住S键大概保持1s左右，图像就会保存到存储卡里，也可进入文件菜单内，执行保存命令进行图像存储。

不同型号的红外热像仪其参数设置及操作方法也不尽相同，具体以实际的仪器按照其说明书进行相应的操作。

（4）对测温异常的设备进行跟踪检测，生成红外测温图谱及异常分析报告，进行数据对比分析。

（5）对于危急缺陷应现场提出处理建议，并及时汇报调控中心及运检部门相关人员。

（6）对测温情况生成红外测温检测报告。检测报告案例分析如下：

关于×××变电站2号主变压器10kV侧B相套管接线柱红外成像测温带电检测异常的分析报告

1 案例经过

××日按照变电站设备日常例行维护工作计划，变电运维班对所辖×××变电站进行了全站带电设备红外成像测温检测，经测温发现2号主变压器10kV侧B相套管接线柱处温度异常。

2 检测分析方法

2.1 检测数据

图58-5 2号主变压器10kV侧套管红外成像测温图谱

如图58-5所示，红外测温发现2号主变压器10kV侧B相套管接线柱最高温度为92.8℃，相邻2号主变压器10kV侧A相套管接线柱处温度为14.9℃，选择2号主变压器10kV电缆支架为环境温度参考体，其温度为5.4℃，红外测温时2号主变压器10kV侧实时负荷电流为156A。根据相对温差计算公式

$$\delta_t = (\tau_1 - \tau_2)/\tau_1 \times 100\% = (T_1 - T_2)/(T_1 - T_0) \times 100\%$$

式中 τ_1 和 T_1——发热点的温升和温度；

τ_2 和 T_2——正常相对应点的温升和温度；

T_0——环境温度参照体的温度。

计算发热点的相对温差为（以A相作为正常相）

$$\delta_t = (92.8 - 14.9)/(92.8 - 5.4) \times 100\% = 89\%$$

根据 DL/T 664—2008《带电设备红外诊断应用规范》对红外图谱分析：2号主变压器 10kV 侧 B 相套管接线柱与 A 相套管接线柱处的相对温差为 89%，热点温度＜110℃，确定该缺陷性质为严重缺陷，电流致热型。

分析发热原因：2号主变压器 10kV 侧 B 相套管接线柱与线夹接触不良或接触面氧化，造成接触电阻增大所致。

2.2 数据分析

从红外测温图谱可知，2号主变压器 10kV 侧 B 相套管接线柱处最高温度为 92.8℃，其温度＞80℃，缺陷性质为严重缺陷，电流致热型。

3 红外测温检测报告

红外测温检测报告见表 58-1。

表 58-1　　　　　　　　电气设备红外测温检测报告

变电站（线路）	×××变电站	运行编号	2号主变压器	检测时间	2017.4.16
测试仪器	FLIR	仪器编号	T620	图像编号	0451
负荷电流 / 额定电流（A）	156/240	辐射系数	0.9	测试距离（m）	5
发热部位描述	2号主变压器 10kV 侧 B 相套管接线柱最高温度 92.8℃，与 A 相相差 77.9℃，相对温差 89%				
天气	晴	环境温度	6℃	湿度	40%	风速	0.4m/s

1. 图像分析

红外图像	可见光图像 注：仪器无此项功能不填。

2. 诊断分析和缺陷性质
诊断分析：2号主变压器 10kV 侧 B 相套管接线柱接触不良。
缺陷性质：严重缺陷

续表

3. 处理意见 建议按缺陷管理规定适时停电处理			
4. 备注			
检测人员	李××、张××	审核	李××

4 处理

处理过程：按照缺陷管理流程 ×× 日对 ××× 变电站 2 号主变压器进行停电缺陷处理，经停电后对 2 号主变压器 10kV 侧 B 相套管接线柱解体，发现其接线板有烧熔痕迹，如图 58-6 所示。

检修人员对解体后的接线板进行了打磨抛光处理，如图 58-7 所示。

烧熔物

图 58-6　2 号主变压器 10kV 侧 B 相套管接线柱烧伤痕迹

图 58-7　接线板氧化层抛光处理

运维检测人员在缺陷处理后，2 号主变压器投运 24h 内进行了跟踪测温，该点温度最大值为 15℃，2 号主变压器 10kV 侧 B 相套管接线柱发热缺陷完全消除。

58.2.3　工作结束

（1）结束工作票。待工作人员全部撤离工作现场后，工作负责人和工作许可人办理工作终结手续。

（2）填写作业卡。填写一、二次设备红外热成像检测作业卡。

（3）填写记录。在 PMS 系统填写一、二次设备红外热成像检测记录，如图 58-8 所示。

图 58-8 一、二次设备红外热成像检测记录

58.2.4 注意事项

（1）检测过程中保持与带电体足够的安全距离，严禁无关人员靠近。

（2）应在良好的天气下进行，如遇雷、雨、雪、雾时不得进行该项工作，风力大于 5m/s 时，不宜进行该项工作。

（3）待测设备上无其他外部作业。

（4）环境温度不宜低于 5°C，一般按照红外热像检测仪器的最低温度掌握。

（5）环境相对湿度不宜大于 85%。

（6）风速：一般不大于 5m/s，若检测中风速发生明显变化，应记录风速。

（7）天气以阴天、多云为宜，夜间图像质量为佳。

（8）户外晴天要避开阳光直接照射或反射进入仪器镜头，在室内或晚上检测应避开灯光的直射，宜闭灯检测。

（9）被检测设备周围应具有均衡的背景辐射，应尽量避开附近热辐射源的干扰，某些设备被检测时还应避开人体热源等红外辐射。

（10）避开强电磁场，防止强电磁场影响红外热像仪的正常工作。

（11）电流致热型设备最好在高峰负荷下进行检测；否则，一般应在不低于 30% 的额定负荷下进行，同时应充分考虑小负荷电流对测试结果的影响。

（12）检测人员应了解红外热像仪的工作原理、技术参数和性能；掌握热像仪的操作程序和使用方法；了解被测设备的结构特点、工作原理、运行状况和导致设备故障的基本因素。

（13）针对不同的检测对象选择不同的环境温度参照体。

（14）测量设备发热点、正常相的对应点及环境温度参照体的温度值时，应使用同一仪器相继测量。

（15）正确选择被测物体的发射率。

（16）作同类比较时，要注意保持仪器与各对应测点的距离一致，方位一致。

（17）正确输入大气温度、相对湿度、测量距离等补偿参数，并选择适当的测温范围。

（18）应从不同方位进行检测，求出最热点的温度值。

（19）记录异常设备的实际负荷电流和发热相、正常相及环境温度参照体的温度值。

（20）对电流致热型设备，若发现设备的导流部分热态异常，进行准确测温后按公式算出相对温差值，按规定判断设备缺陷的性质。当发热点的温升值小于10K 时，不宜按上述的规定确定设备缺陷的性质。对于负荷率小、温升小但相对温差大的设备，如果有条件改变负荷率，可增大负荷电流后进行复测，以确定设备缺陷的性质。当无法进行此类复测时，可暂定为一般缺陷，并注意监视。

高压开关设备和控制设备各种部件、材料和绝缘介质的温度和温升极限见表58-2（来源：《国家电网公司变电检测管理规定》国网（运检/3）828—2017）。

表 58-2　高压开关设备和控制设备各种部件、材料和绝缘介质的温度和温升极限

部件、材料和绝缘介质的类别 （见说明 1、说明 2 和说明 3）	最大值	
	温度（℃）	周围空气温度不超过 40℃时的温升（K）
触头（见说明 4） （1）裸铜或裸铜合金 　1）在空气中 　2）在 SF_6（六氟化硫）中（见说明 5）	 75 105	 35 65

续表

部件、材料和绝缘介质的类别 （见说明 1、说明 2 和说明 3）	最大值	
	温度（℃）	周围空气温度不超过 40℃时的温升（K）
3）在油中	80	40
（2）镀银或镀镍（见说明 6）		
1）在空气中	105	65
2）在 SF_6（六氟化硫）中（见说明 5）	105	65
3）在油中	90	50
（3）镀锡（见说明 6）		
1）在空气中	90	50
2）在 SF_6（六氟化硫）中（见说明 5）	90	50
3）在油中	90	50
用螺栓或与其等效的联结（见说明 4）		
（1）裸铜、裸铜合金或裸铝合金		
1）在空气中	90	50
2）在 SF_6（六氟化硫）中（见说明 5）	115	75
3）在油中	100	60
（2）镀银或镀镍		
1）在空气中	115	75
2）在 SF_6（六氟化硫）中（见说明 5）	115	75
3）在油中	100	60
（3）镀锡		
1）在空气中	105	65
2）在 SF_6（六氟化硫）中（见说明 5）	105	65
3）在油中	100	60
其他裸金属制成的或其他镀层的触头、联结	见说明 7	见说明 7
用螺钉或螺栓与外部导体连接的端子 （见说明 8）		
1）裸的	90	50
2）镀银、镀镍或镀锡	105	65
3）其他镀层	见说明 7	见说明 7
油断路器装置用油（见说明 9 和说明 10）	90	50
用作弹簧的金属零件	见说明 11	见说明 11
绝缘材料以及与下列等级的绝缘材料接触的金属材料（见说明 12）		
1）Y	90	60
2）A	105	65
3）E	120	80

续表

部件、材料和绝缘介质的类别 （见说明 1、说明 2 和说明 3）	最大值	
	温度（℃）	周围空气温度不超过 40℃时的温升（K）
4）B	130	90
5）F	155	115
6）瓷漆：油基	100	60
合成	120	80
7）H	180	140
8）C 其他绝缘材料	见说明 13	见说明 13
除触头外，与油接触的任何金属或绝缘件	100	60
可触及的部件		
1）在正常操作中可触及的	70	30
2）在正常操作中不需触及的	80	40

说明 1：按其功能，同一部件可以属于本表列出的几种类别。在这种情况下，允许的最高温度和温升值是相关类别中的最低值。

说明 2：对真空开关装置，温度和温升的极限值不适用于处在真空中的部件。其余部件不应该超过本表给出的温度和温升值。

说明 3：应注意保证周围的绝缘材料不遭到损坏。

说明 4：当接合的零件具有不同的镀层或一个零件是裸露的材料制成的，允许的温度和温升应该是：

a）对触头，表项 1 中有最低允许值的表面材料的值；

b）对联结，表项 2 中的最高允许值的表面材料的值。

说明 5：SF_6 是指纯 SF_6 或 SF_6 与其他无氧气体的混合物。

注 1：由于不存在氧气，把 SF_6 开关设备中各种触头和连接的温度极限加以协调看来是合适的。在 SF6 环境下，裸铜和裸铜合金零件的允许温度极限可以等于镀银或镀镍零件的值。在镀锡零件的特殊情况下，由于摩擦腐蚀效应，即使在 SF_6 无氧的条件下，提高其允许温度也是不合适的。因此镀锡零件仍取原来的值。

注 2：裸铜和镀银触头在 SF_6 中的温升正在考虑中。

说明 6：按照设备有关的技术条件，即在关合和开断试验（如果有的话）后、在短时耐受电流试验后或在机械耐受试验后，有镀层的触头在接触区应该有连续的镀层，不然触头应该被看作是"裸露"的。

说明 7：当使用表 C.1 中没有给出的材料时，应该研究他们的性能，以便确定最高的允许温升。

说明 8：即使和端子连接的是裸导体，这些温度和温升值仍是有效的。

说明 9：在油的上层。

说明 10：当采用低闪点的油时，应当特别注意油的汽化和氧化。

说明 11：温度不应该达到使材料弹性受损的数值。

说明 12：绝缘材料的分级在 GB/T 11021 中给出。

说明 13：仅以不损害周围的零部件为限。

电流致热型设备缺陷诊断判据见表 58-3（来源：《国家电网公司变电检测管理规定》国网（运检 /3）828—2017）。

表 58-3

电流致热型设备缺陷诊断判据

设备类别和部位		热像特征	故障特征	缺陷性质			处理建议	备注
				一般缺陷	严重缺陷	危急缺陷		
电气设备与金属部件的连接	接头和线夹	以线夹和接头为中心的热像，热点明显	接触不良	温差超过 15K，未达到严重缺陷的要求	热点温度 >80℃ 或 δ ≥ 80%	热点温度 >110℃ 或 δ ≥ 95%		
金属导线		以导线为中心的热像，热点明显	松股、断股、老化或截面积不够					
金属部件与金属部件的连接	接头和线夹	以线夹和接头为中心的热像，热点明显	接触不良	温差超过 15K，未达到严重缺陷的要求	热点温度 >90℃ 或 δ ≥ 80%	热点温度 >130℃ 或 δ ≥ 95%		
输电导线的连接器（耐张线夹、接续管、修补管、并沟线夹、跳线线夹、T型线夹、设备线夹等）								
隔离开关	转头	以转头为中心的热像	转头接触不良或断股					
	触头	以触头压接弹簧为中心的热像	弹簧压接不良					测量接触电阻

续表

设备类别和部位		热像特征	故障特征	缺陷性质			处理建议	备注
				一般缺陷	严重缺陷	危急缺陷		
断路器	动静触头	以顶帽和下法兰为中心的热像，顶帽温度大于下法兰温度	压指压接不良	温差超过10K，未达到严重缺陷的要求	热点温度>55℃ 或δ≥80%	热点温度>80℃ 或δ≥95%	测量接触电阻	内外部的温差约为50~70K
	中间触头	以下法兰和顶帽为中心的热像，下法兰温度大于顶帽温度						内外部的温差为40~60K
电流互感器	内连接	以串并联出线夹头或螺杆出线夹为最高温度的热像或以顶部接帽发热为特征	螺杆接触不良	温差超过10K，未达到严重缺陷的要求	热点温度>55℃ 或δ≥80%	热点温度>80℃ 或δ≥95%	测量一次回路电阻	内外部的温差为30~45K
套管	柱头	以套管顶部柱头为最热的热像	柱头内部并线压接不良					
电容器	熔丝	以熔丝中部靠电容侧为最热的热像	熔丝容量不够				检查熔丝	环氧管的遮挡
	熔丝座	以熔丝座为最热的热像	熔丝与熔丝座之间接触不良				检查熔丝座	

注　相对温差计算公式：$\delta=(\tau_1-\tau_2)/\tau_1\times100\%=(T_1-T_0)/(T_1-T_0)\times100\%$
式中　τ_1 和 T_1——发热点的温升和温度；
τ_2 和 T_2——正常相对应点的温升和温度；
T_0——环境温度参照体的温度。

电流致热型设备缺陷诊断判据见表58-4（来源：《国家电网公司变电检测管理规定》国网（运检/3）828—2017）。

表58-4 电压致热型设备缺陷诊断判据

设备类别		热像特征	故障特征	温差（K）	处理建议	备注
电流互感器	10kV浇注式	以本体为中心整体发热	铁芯短路或局部放电增大	4	伏安特性或局部放电量试验	
	油浸式	以瓷套整体温升增大，且瓷套上部温度偏高	介质损耗偏大	2~3	介质损耗、油中含水、色谱、油中含水量检测	含气体绝缘的
电压互感器（含电容式电压互感器的电容部分）	10kV浇注式	以本体为中心整体发热	铁芯短路或局部放电增大	4	特性或局部放电量试验	
	油浸式	以整体温升偏高，且中上部温度高	介质损耗偏大或铁芯短路或局部放电	2~3	介质损耗、空载、油色谱及油中含水量测量	铁芯故障特征相似，温升更明显
耦合电容器	油浸式	以整体温升偏高或局部过热，且发热符合自上而下逐步递减的规律	介质损耗偏大，电容量变化、老化或局部放电		介质损耗、空载、局部放电量测量	
移相电容器		热像一般以本体上部为中心的热像图，正常热像最高温度一般在宽面垂直平分线的2/3高度左右，其宽面温升略高，整体发热或局部发热	介质损耗偏大，电容量变化、老化或局部放电	2~3	介质损耗测量	采用相对温差判别即 $\delta > 20\%$ 或有不均匀热像
高压套管		热像特征呈现以套管整体发热热像	介质损耗偏大		介质损耗测量	穿墙套管或电缆头套管温差更小
		热像为对应部位呈现局部发热故障	局部放电故障，或气路的堵塞			

续表

设备类别		热像特征	故障特征	温差（K）	处理建议	备注
充油套管		热像特征是以油面处为最高温度的热像，油面有一明显的水平分界线	缺油			
氧化锌避雷器	10～60kV瓷瓶柱	正常为整体轻微发热，较热点一般在靠近上部且不均匀，多节组合从上到下各节温度递减，引起整体发热或局部发热为异常	阀片受潮或老化	0.5～1	直流和交流试验	合成套比瓷套温差更小
绝缘子	瓷绝缘子	正常绝缘子串的温度分布同电压分布规律，即呈现不对称的马鞍型，相邻绝缘子温差很小，以铁帽为发热中心的热像图，其比正常绝缘子温度高	低值绝缘子发热（绝缘子电阻在10～300MΩ）	1		
		发热温度比正常绝缘子要低，热像特征与绝缘子相比，呈暗色调	零值绝缘子发热（0～10MΩ）			
		其热像特征是以瓷盘（或玻璃盘）为发热区的热像	由于表面污秽引起绝缘子泄漏电流增大	0.5		
	合成绝缘子	在绝缘良好和绝缘劣化的结合处出现局部过热，随着时间的延长，过热部位会移动	伞裙破损或芯棒受潮	0.5～1		
		球头部位过热	球头部位松脱、进水			
电缆终端		以整个电缆头为中心的热像	电缆头受潮、劣化或气隙	0.5～1		
		以护层接地连接为中心的发热	接地不良	5～10		
		伞裙局部区域过热	内部可能有局部放电			采用相对温差判别即δ>20%或有不均匀热像
		根部有整体性过热	内部介质受潮或性能异常	0.5～1		

　　风速、风级的关系见表 58-5（来源：《国家电网公司变电检测管理规定》国网（运检/3）828—2017）。

表 58-5　　　　　　　　　　　　　　风速、风级的关系

风力等级	风速（m/s）	地面特征
0	0～0.2	静烟直上
1	0.3～1.5	烟能表示方向，树枝略有摆动，但风向标不能转动
2	1.6～3.3	人脸感觉有风，树枝有微响，旗帜开始飘动，风向标能转动
3	3.4～5.4	树叶和微枝摆动不息，旌旗展开
4	5.5～7.9	能吹起地面灰尘和纸张，小树枝摆动
5	8.0～10.7	有叶的小树摇摆，内陆水面有水波
6	10.8～13.8	大树枝摆动，电线呼呼有声，举伞困难
7	13.9～17.1	全树摆动，迎风行走不便

　　常用材料发射率见表 58-6（来源：《国家电网公司变电检测管理规定》国网（运检/3）828—2017）。

表 58-6　　　　　　　　　　　　　　常用材料发射率

材料	温度（℃）	发射率近似值	材料	温度（℃）	发射率近似值
抛光铝或铝箔	100	0.09	棉纺织品（全颜色）	—	0.95
轻度氧化铝	25～600	0.10～0.20	丝绸	—	0.78
强氧化铝	25～600	0.30～0.40	羊毛	—	0.78
黄铜镜面	28	0.03	皮肤	—	0.98
氧化黄铜	200～600	0.59～0.61	木材	—	0.78
抛光铸铁	200	0.21	树皮	—	0.98
加工铸铁	20	0.44	石头	—	0.92
完全生锈轧铁板	20	0.69	混凝土	—	0.94
完全生锈氧化钢	22	0.66	石子	—	0.28～0.44

续表

材料	温度（℃）	发射率近似值	材料	温度（℃）	发射率近似值
完全生锈铁板	25	0.80	墙粉		0.92
完全生锈铸铁	40～250	0.95	石棉板	25	0.96
镀锌亮铁板	28	0.23	大理石	23	0.93
黑亮漆（喷在粗糙铁上）	26	0.88	红砖	20	0.95
黑或白漆	38～90	0.80～0.95	白砖	100	0.90
平滑黑漆	38～90	0.96～0.98	白砖	1000	0.70
亮漆	—	0.90	沥青	0～200	0.85
非亮漆	—	0.95	玻璃（面）	23	0.94
纸	0～100	0.80～0.95	碳片	—	0.85
不透明塑料	—	0.95	绝缘片	—	0.91～0.94
瓷器（亮）	23	0.92	金属片	—	0.88～0.90
电瓷	—	0.90～0.92	环氧玻璃板	—	0.80
屋顶材料	20	0.91	镀金铜片	—	0.30
水	0～100	0.95～0.96	涂焊料的铜		0.35
冰	—	0.98	铜丝	—	0.87～0.88